花生优质高效生产关键技术

沈 浦 赵红军 王才斌 张 正 编著

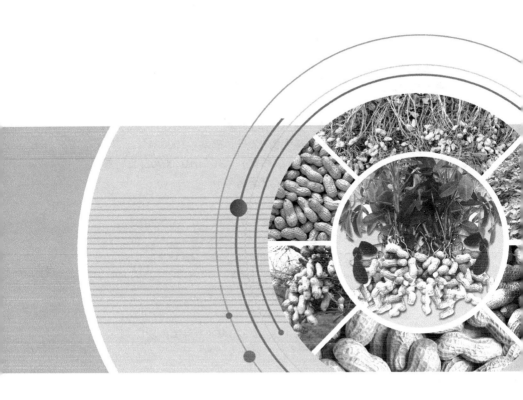

中国农业科学技术出版社

图书在版编目（CIP）数据

花生优质高效生产关键技术／沈浦等编著. —北京：中国农业
科学技术出版社，2020.11

ISBN 978-7-5116-5077-1

Ⅰ.①花… Ⅱ.①沈… Ⅲ.①花生-高产栽培 Ⅳ.①S565.2

中国版本图书馆 CIP 数据核字（2020）第 218842 号

责任编辑　周　朋　徐　毅
责任校对　李向荣

出 版 者　中国农业科学技术出版社
　　　　　北京市中关村南大街 12 号　邮编：100081
电　　话　(010)82106634(编辑室)　(010)82109702(发行部)
　　　　　(010)82109709(读者服务部)
传　　真　(010)82106631
网　　址　http://www.castp.cn
经 销 者　各地新华书店
印 刷 者　北京建宏印刷有限公司
开　　本　850 mm×1 168 mm　1/32
印　　张　8.875　彩插　16 面
字　　数　263 千字
版　　次　2020 年 11 月第 1 版　2020 年 11 月第 1 次印刷
定　　价　118.00 元

《花生优质高效生产关键技术》
编 著 名 单

技术总顾问

万书波

主 编 著

沈 浦 赵红军 王才斌 张 正

副主编著

迟晓元 迟玉成 吴正锋 李新国 司贤宗 刘 芳 张智猛
张继光 曲春娟 陈 宁 张佳蕾 慈敦伟 张 振 杨丽玉
单世华 孙 杰 孙全喜 潘丽娟 丁 红 孙学武 郭志青
郑永美 王 薇 徐 扬 于天一 李尚霞 张冠初 吴 琪

编著人员（按姓氏笔画排名）

丁 红 于 静 于天一 于丽娜 王 薇 王才斌 王廷利
王明清 尹 亮 石程仁 冯 昊 司贤宗 曲明静 曲春娟
刘 芳 刘俊华 刘效谦 许 琳 许 静 许曼琳 许婷婷
孙 杰 孙全喜 孙秀山 孙学武 杜 龙 李 秋 李 亮
李 晓 李卫青 李尚霞 李春娟 李新国 杨吉顺 杨伟强
杨丽玉 吴 琪 吴正锋 邹晓霞 沈 浦 迟玉成 迟晓元
张 正 张 振 张 霞 张佳蕾 张建成 张冠初 张继光
张继旭 张智猛 陈 宁 陈 娜 陈 静 陈小妹 陈殿绪
苑翠玲 郑永美 郑加玉 单世华 孟维伟 孟静静 赵红军
赵海军 柳开楼 施松梅 宫清轩 费晓伟 秦斐斐 索炎炎 梁海燕
徐 扬 高华援 郭 峰 郭志青 唐朝辉 崔凤高 梁海燕
焦 坤 谢 惠 路 亚 慈敦伟 潘丽娟 戴良香 鞠 倩

前　言

　　我国是世界最大的花生生产国、消费国和出口国，年均种植面积 7 000 万亩以上，总产超过 1 700 万 t。全国种植面积较大的省份有河南、山东、吉林、广东、辽宁、河北、四川、湖北等。花生营养价值高、经济效益好，素有"中国的橄榄油"之称，是我国为数不多的具有明显国际竞争力的出口农产品。在我国食用油脂和优质蛋白短缺、自给率不足的背景下，大力发展花生产业具有十分重要的意义。

　　当前，包括花生在内的农作物生产依靠资源消耗的粗放经营方式没有根本改变，注重产量而忽视品质问题突出，存在产品安全性受生产管理水平影响程度高、产业链短而附加值低等问题，绿色优质农产品和生态产品供给还不能满足人民群众日益增长的需求。因此，拓展和增强花生优质、高效生产关键技术研究和应用，有利于花生生产由增产向提质、增效和生态环保方向转变，促进花生产业健康可持续发展。

　　本书编著者结合各自的研究进展及有关文献，对花生优质高效栽培生产、品种选育、病虫防控、生产加工等方面关键技术进行深度梳理和挖掘。在编著过程中，力求体现花生优质高效生产技术的科学性、先进性和实用性，达到技术要点明确、实施事例典型、可操作性强，文中对优质高效品种及相关农资产品也进行了简要介绍，便于读者参阅使用。本书由山东省花生研究所联合有关单位从事栽培学、土壤学、育种学、植保学和加工学研究和技术推广的人员编著完成。

　　全书共十章，第一章概述花生生产基本情况；第二章介绍花生优质高效综合栽培技术；第三章至第七章介绍花生肥水管理、土壤改良、品种改良与利用、生理调节调控、病虫害绿色防治等关键技术；第八章介绍花生优质高效加工工艺与关键技术；第九章、第十章介绍花生优质高效品种及农资产品。

　　本书的编著出版得到山东省重大科技创新工程项目（2019JZZY010702）、国家重点研发计划项目（2018YFD1000906）、国家自然科学基金（41501330、31801309）、现代农业产业技术体系建设专项资金（CRAS-13）、山东省现代农业产业技术体系创新团队（花生）项目（SDAIT-04-06）、山东省农业科学院农业科技创新工程（CXGC2018B05）的资助。在本书写作过程中，得到了一些单位的支持，试验基点工作人员及课题组研究生等也做了大量工作，在此一并致谢。

　　限于作者水平及花生优质高效生产技术的快速发展，书中难免存在错误和疏漏之处，恳请专家、同仁和广大读者批评指正。

编著者
2020 年 9 月

目　　录

第 一 章

花生生产基本情况概述

花生的生产价值及其在国民经济中的地位

花生又名落花生、长生果，历史上也曾有千岁子、落地松、万寿果等美称，属豆科蝶形花亚科，一年生草本植物。我国花生种植面积居世界第二位，总产量居世界第一位，是名副其实的花生生产大国。花生的生产价值高，在我国国民经济中有重要的地位，具体体现在以下几个方面。

1. 花生营养价值高

花生素有"绿色牛奶"和"素中之荤"的美称，富含蛋白质、脂肪、碳水化合物、粗纤维、微量元素，还有少量的β-谷甾醇、白藜芦醇、胰蛋白酶抑制因子、脂肪氧化酶等。花生籽仁含油量高、脂肪含量为38%～60%，其中不饱和脂肪酸（油酸、亚油酸）占80%以上，是我国主要的食用油源之一。花生籽仁蛋白质含量为24%～36%，含有赖氨酸、色氨酸、苏氨酸、蛋氨酸等8种人体必需的氨基酸，以及维生素 B_2、烟酸、维生素 E 等多种有益成分。值得一提的是，鉴于花生营养全面、口感好，生食、炒食、煮食均可，因此花生是维持油脂和蛋白质供需平衡的重要一环。

2. 花生经济价值高

花生生长适应能力强，投入产出比高，经济效益显著。花生在干旱、瘠薄、酸化等各种土壤环境中均能生长，因此花生的种植不仅可以提高盐碱地等瘠薄土壤的利用效率，也是农业脱贫致富的重要途径之一。花生已然成为大众日常偏好的食品之一，花生油、花生糖果、花生奶、花生酥、花生酱等成为拉动消费、带动经济发展的重要商品。花生的茎叶富含大量蛋白，也是一种优质的畜禽饲料。花生饼粕中的蛋白质含量高达47%，其中可消化吸收的比例高达85%，也是重要的植物蛋白质来源之一。花生是我国重要的出口创汇农产品之一，其丰富的产品类型进一步提高了花生的产品吸引力和出口价值。

3. 花生药用价值高

据《本草纲目》记载，花生具有悦脾和胃、润肺化痰、滋养补气、清咽止痒等多重功效。中医理论认为，花生红衣可以补脾胃之气、养血止血；西医认为，花生红衣可以抑制纤维蛋白溶解、增加血小板含量、改善凝血因子缺陷、加强毛细血管收缩等。花生营养成分中的赖氨酸可以提高儿童智力，谷氨酸和天冬氨酸可以促使细胞发育并增强大脑记忆力。花生中的儿茶素具有很强的抗老化作用，花生油中的不饱和脂肪酸能够避免胆固醇在体内的沉积，从而起到防治冠心病和动脉硬化的功效。花生中丰富的脂肪和蛋白质对产后乳汁不足者，有滋补气血和养血通乳的功效。

4. 花生是重要的工业原料

花生是食品工业偏好的优质原料之一，蛋白粉、浓缩蛋白、分离蛋白等可作烘焙食品原料，也可与其他动植物蛋白混合制作肉制品、乳制品和糖果；花生粉可制作面包、面条、饼干及其他糕点；花生油可用于制造人造奶油、起酥油、色拉油和调和油。除了应用于食品行业之外，花生油还可制作肥皂、去垢剂、洗发液及化妆品；花生壳干馏、水解后可制取醋酸、糖醛、丙酮、甲醇等十余种工业产品。

花生在我国的生产布局与种植区划

花生在我国的种植区域广，西自新疆喀什（75°E），东至黑龙江密山（132°E），南从海南榆林（18°N），北到黑龙江瑷珲（50°N）。河南和山东两省的种植面积和产量尤其突出，约占全国的50%，其次为河北、辽宁、安徽、四川和广东等省。花生对种植条件及土壤的要求不是很高，在坡地、山地、林地、稻田、风沙地、黄河古道沙土等不同类型的土壤和生态条件下均可种植。

根据7—8月的平均气温和生育期积温，花生的生态类型适宜气候区域主要被划分为4个类型：平均气温≥24℃、生育期积温≥3 300℃为各类型品种均适气候区；平均气温22~24℃、生育期积温 2 750~3 300℃为珍珠豆型品种适种气候区；平均气温 19~22℃、生育期积温 2 250~2 750℃为多粒型品种适种气候区；平均气温<19℃、生育期积温<1 225℃为不适宜气候区。我国花生种植区划细分如下。

1. 黄河流域花生区

全国花生主产区，包括山东、天津的全部，北京、河北、河南的大部，山西南部，陕西中部以及江苏北部、安徽北部地区，花生总产量和种植面积均占全国的50%以上。常见的种植模式有一年一熟（花生）、一年两熟（花生—小麦）和两年三熟（花生—小麦/玉米）3种。

2. 长江流域花生区

春夏花生交作产区，以麦套花生和油菜茬花生为主，包括湖北、浙江、上海的全部，四川、湖南、江西、安徽、江苏的大部，重庆西部、河南南部、福建西北、陕西西部以及甘肃东南部地区，总产量和种植面积均占全国的15%左右。丘陵地和冲积沙土地多为一年一熟和两年三熟种植模式，以春花生为主；南部地区及肥力较高的地区多为两年三熟和一年两熟种植模式，以套种或夏直播花生为主，南部地区有少量秋花生。

3. 东南沿海花生区

我国种植花生最早的区域，包括广东、海南、台湾的全部，广西、福建的大部和江西南部地区，总产量和种植面积均占全国的15%左右。栽培制度比较复杂，以一年两熟、三熟和两年五熟的春秋花生为主，海南省可以种植冬花生。

4. 东北花生区

包括辽宁、吉林、黑龙江的大部以及河北燕山东段以北地区，总产量和种植面积均占全国的4%左右，栽培制度多为一年一熟或两年三熟。

此外，还有云贵高原花生区、黄土高原花生区、西北花生区等，各区的总产量和种植面积占比均在3%以下，主要栽培制度多为一年一熟。

花生的植物学特性与生长发育进程

一、花生的植物学特性

从植株形态学特征看，花生有根、茎、叶、花、果针、荚果和种子几个部分。栽培种花生的根属圆锥状直根系，由一条主根和多条侧根组成；主茎直立，有15~25个节间，主茎上着生一次分枝；真叶为4小叶羽状复叶，由叶片、叶柄和托叶组成；花序为总状花序，包括苞叶、花萼、花冠、雄蕊、雌蕊；果针是由子房基分生组织细胞分裂而形成子房柄和位于其先端的子房的合称；荚果由子房在土壤中横卧膨大发育而成，有单室、两室或多室，室间无横膈，有或深或浅的缩缢，荚果形状分普通形、斧头形、葫芦形、曲棍形、串珠形等；种子由种皮和胚组成，种皮颜色有红色、紫色、淡黄、白色等，胚包括胚芽、胚轴、胚根和子叶。

二、花生的分类方式

花生有多种分类方式。

1. 按生育期长短分类

分为早熟型花生（生育期120~130d）、中熟型花生（生育期145d）、晚熟型花生（生育期165d）。

2. 按荚果大小分类

分为小粒型品种（籽仁百粒重50g以下）、中粒型品种（百粒重为50~80g）、大粒型品种（百粒重80g以上）。

3. 按农学综合性状分类

分为普通型花生（多为中晚熟品种）、珍珠豆型花生（多为早熟品种）、多粒型花生（早熟或极早熟品种）、龙生型花生（多为匍匐形）、中间型花生（由不同的亚种间杂交而成）。

三、共生的生长发育进程

花生的生长发育进程主要分为以下 5 个阶段。

1. 种子萌发出苗期

从播种到 50% 的幼苗出土，第一片真叶展开。花生出苗时，两片子叶一般不出土，浅播或土质松散下子叶可露出一部分。

2. 苗期

从 50% 的种子出苗到 50% 的植株第一朵花开放。这一时期花生的相对生长量较快、大部分花芽分化完毕、根系大量产生，是主要结果枝形成的重要时期。

3. 开花下针期

从 50% 的植株开始开花到 50% 的植株出现鸡头状幼果。这一时期的植株大量开花、下针、营养体迅速生长、根系继续伸长、主侧根有效根瘤大量形成、花生吸收营养大量增加、果针发育迅速。

4. 结荚期

从 50% 的植株出现鸡头状幼果到 50% 的植株出现饱果。这一时期的花生植株营养生长与生殖生长并重，叶面积系数、群体光合强度、干物质的累积均达到顶峰。

5. 饱果成熟期

从 50% 的植株出现饱果到大多数荚果饱满成熟。这一时期营养生长渐退、叶片变黄衰老、根瘤停止固氮、茎叶干物质大量转运至荚果，是荚果形成的主要时期。

花生营养需求规律及其对生长发育的作用

花生每产生 100kg 荚果，需氮 5.0~5.5kg、磷 0.6~1.3kg、钾 1.9~3.3kg、钙 1.35~1.92kg、铁 0.16kg 左右。花生对氮、磷、钾肥所需的比例约为 1∶0.18∶0.48。花生的不同生长时期对各种营养物质的需要量不同，其对氮、磷、钾的吸收量表现为中间多、两端少的整体趋势，幼苗期需求量约占全生育期总需求量的 5%，花针期约占 20%~25%，结荚期约占 60%~70%，饱果成熟期约占 20%~30%。花生属于豆科根瘤固氮作物，吸收的氮源主要来自根瘤固氮。但苗期根瘤的固氮能力相对较弱，因此需要施入适宜的氮肥及磷肥，以促进花芽分化、增加前期花数、增强光合作用。花生对钙的需要量仅次于钾，另外，硼等微量元素也对花生的生长发育有较大影响。

1. 大量营养元素

包括氮、磷、钾元素。氮主要影响蛋白质、叶绿素和磷脂的合成，促进枝多叶茂、开花结果，以及荚果饱满。磷主要影响脂肪和蛋白质的合成，可以有效促进种子萌发以及根和根瘤的生长，增强花生幼苗的耐低温和抗旱能力，还能促进开花受精和提高荚果的饱满度。钾主要影响生理代谢，提高光合作用强度和光合产物运转，并能抑制茎叶的徒长，延长叶片寿命，增强植株的抗逆/抗病能力，同时也能加强花生与根瘤的共生关系。

2. 中量营养元素

包括钙、镁、硫元素。钙能促进花生根系和根瘤的发育、促进蛋白质和酰胺的合成、促进荚果的形成和饱满、减少空壳率、提高饱果率等。镁主要影响叶绿素的合成、促进花生的正常生长、产量提高等。硫主要参与蛋白质的合成、促进叶色浓绿、增加果仁的蛋白质含量等。

3. 微量营养元素

主要包括硼、钼、铁、锌、锰等元素。硼能促进植株对钙素的吸收，并影响输导系统和受精结果；钼有利于蛋白质的合成，并加速根瘤菌发育和固氮过程；铁主要参与氧化还原反应和叶绿体蛋白质的合成；锌参与光合作用、蛋白质代谢、生长素合成等，并能促进对氮、钾、铁的吸收；锰参与调控氧化作用，还能促进茎叶健壮，以增加植株的抗寒能力。

花生优质高效品种的选育方法

花生优质高效品种的选育主要包括花生引种、系统育种、杂交育种、远缘杂交育种、诱变育种、细胞工程育种和分子育种等。

1. 花生引种

按照气候生态相似性、严格引种程序、因地制宜、利用途径分类等4个原则可以将其他地域的品种（或遗传资源材料）引入某一特定地区进行直接利用或研究，例如，伏花生、狮头企、海花1号等均实现了跨省份大面积引种。

2. 系统育种

从现有种植推广的品种群体中选择优良的变异个体，其后代则称为一个株系，经性状鉴定、选择并通过品系比较试验、区域试验和生产试验培育成农作物新品种。由系统育种法育成的有早熟高产优质品种中花5号、天府9号。

3. 杂交育种

该方法是目前最重要的和最有效的育种方法之一，将优良父母本杂交，并对后代进行筛选，从而获得兼具有父母本优良性状的个体。豫花7号、徐州68-4等一批产量高、品质好的品种是通过该方法获得并大面积推广应用的。

4. 远缘杂交育种

不同种间、属间、甚至亲缘关系更远的物种之间的杂交，产生的后代为远缘杂种。优质、高产的桂花22和早熟、高产、抗病的远杂9012均是花生属中的花生区组野生种与栽培种杂交亲和育成的品种，而花育31号是首个花生属区组间杂交获得的大花生品种。

5. 诱变育种

在人为条件下，通过辐射诱变、化学诱变、航天诱变等方法诱发生物体产生突变，并从中选择具有优良性状后代的育种方法称为诱变育种。昌花 4 号由山东昌潍地区农科所利用辐射诱变技术育成；鲁花 12 号由山东烟台福山农科所通过 EMS 诱变后，由伏花生与新成早杂交得到的 F_1 果针育成。

6. 细胞工程育种

是一种利用花药组织培养、原生质体培养、体细胞融合与杂交等技术获得优质高产品种的方法，该方法不受时间的限制，同时可以提高变异频率和选择概率。

7. 分子育种

在分子层面进行的，主要包括分子标记辅助选择、转基因育种、基因编辑等进行的育种称为分子育种。分子标记辅助选择：根据目标基因分离或紧密连锁的分子标记，直接在 DNA 水平检测是否存在目标基因及其具体基因型。转基因育种：从供体生物中首先分离得到可以控制某一特定优良性状的目标基因，随后利用根癌农杆菌介导法等技术将目标基因转入受体，经筛选后获得稳定表达的遗传材料，进一步培育成新品种。基因编辑：可通过 CRISPR/Cas9 等工具对目标基因进行定点编辑，通过对特定的 DNA 片段进行敲除、插入、替换，从而改变花的颜色、植株的抗逆性和抗病性等性状，达到对花生进行精准化品种改良的目的。

花生的关键生产要素与重要管理环节

花生的优质高效生产主要包括播种、管理、收获、储藏和加工等环节，其中种植管理主要围绕土壤、品种、肥料、水分、种植模式、发育调控、病虫防治等要素展开。

1. 土壤选择与改良

适宜的土壤条件一般是指土层深厚、土质松软肥沃、质地层次性排列合理、中性偏酸、排水和肥力特性良好的壤土或沙壤土。

2. 品种筛选与培育

筛选与培育高产、优质、适应农业机械化的花生品种，并且要兼顾抗旱、耐盐碱、耐酸化、抗紧实等特性需要，以增强花生在市场上的竞争力。

3. 肥料高效施用

通过选择合适的肥料、优化合理的施肥量、控制适宜的施肥时间和施肥方式、把握良好的肥料供给方式，促进肥料养分的充分释放，以期达到减肥增效的目的。

4. 水分高效管理

通过调整作物布局、选用抗旱节水的高产优质品种、采用喷灌或滴灌等高效节水灌溉方法，建立节水种植新模式，充分提高水分利用效率。

5. 种植模式选择

花生忌连作，重茬年限越长则减产幅度越大；花生轮作具有改土增肥、平衡养分、减少土传性病害等优点；间作与套作在有效增加农田生态系统的生物多样性的同时，也可显著增加土壤、空间和光能的利用效率。

6. 生长发育调控

植物生长调节剂可提高根系的活力、改善营养物质的吸收与分配效率、提高根系的结瘤和固氮能力、降低植株的高度、促进花生的营养生长与生殖生长之间的平衡、解决花生徒长等问题。通过合理密植与营养调控，能有效地利用光能和地力，达到群体与个体、地上部与地下部、营养器官与生殖器官、生育前期与后期健壮协调的目标。

7. 病虫害防治

开展病虫害绿色防控，利用有害昆虫的趋光性，以杀虫灯诱捕；还可根据根荚际微生物的拮抗作用防治花生黄曲霉污染，减少化学农药使用量，降低农产品农药残留量，提高花生的品质和竞争力。

8. 收获与储藏

在荚果成熟、果壳韧硬、网纹明显时期，采用分段收获或联合收获等方法，以提高花生产量，并保持荚果品质良好；开展花生安全储藏，晒干、去杂、保持适宜的温度和水分，从而提高花生的利用价值和种植效益，并为下一季花生种植提供优良的种子。

9. 综合加工利用

除直接食用及简单的炒、炸、煮外，开发花生油、籽仁、饼粕、种皮、果壳、茎叶等精加工技术，丰富产品类型，形成受消费者青睐的优质油脂、烤花生、红衣产品、糖果、花生奶及饲料等花生产品。

花生的降本提质增产途径

实现降低花生生产成本、提高产量和品质、提升生产加工能力等目标，对保障食用油脂安全、提升花生市场竞争力、实现农业增效、农民增收等均具有重要意义。

1. 强化政府宏观调控与政策引导

我国对花生种植的财政补贴微乎其微，应完善和强化政府对花生生产的各项支持保护政策，加大补贴力度，以此充分调动农民的花生种植积极性。健全花生生产标准化体系，规范化指导花生从种到收的各个环节，通过宏观调控提升花生的国际市场竞争力。

2. 加大优质高产品种推广及加工

高油、高油酸、高蛋白等优质专用花生品种的种植和加工效益均很高，应重点扩大这类花生品种的种植面积，开发对应的标准化高效栽培技术，同时研发配套的种子包衣产品和技术，加快优良品种区域化、规模化种植，实现其商品化和市场化的最佳价值。

3. 加强高效栽培与病虫害绿色防控技术应用

花生是豆科根瘤固氮作物，在养分吸收利用理论研究基础上，研发以按需供肥为目标的新型缓控释肥技术，研发配套的精准分层施肥机械，建立花生全程可控施肥技术体系，降低成本投入，实现减肥高效的目标。花生单粒精播技术缓解了株间竞争造成的生物逆境胁迫，完成对理想株型塑造和群体质量优化的效果，在用种量减少的同时，良好地协调了源库关系，促进了氮、磷、钾、钙的吸收，构成了合理的群体。采取生态控制、生物防治、物理防治、科学用药等环境友好型措施，通过筛选诱捕装置、创新食诱剂和性诱剂的施用方式，研制害虫食诱剂和性诱剂的专用配方，提高综合和持续诱杀效果，实现绿色防控，促进农作物的安全生产。

4. 开展智能化、精准化机械研发与应用

加快种、收、管、加工等协助机械的改进与研发，如单粒精播播种机、无膜秸秆收获机械、分段式收获机械等，加速推进农业装备从机械化到智能化的跨越，节省人力成本。

5. 延长产业链并促进精加工与开发

深入开展对花生加工副产物营养成分和活性组分的研究，提升加工技术研发及产品开发水平。加强对花生粕、花生红衣、花生壳等副产物的利用，延长产业链，不仅可以提高花生的经济价值，还可以减少对资源的浪费，并可有效避免因副产物废弃而造成的环境污染。

第二章

花生优质高效综合栽培技术

花生春播覆膜高效栽培技术

一、技术背景意义

春花生是指在"立春"至"立夏"播种的花生。适期播种可提高土地、光能利用率，植株生长矮壮，节间密、分枝多、根系生长好，干物质积累多，开花、结果多，饱果率高，易达到高产优质的要求。过早播种，因温度低种子不能正常发芽，出苗慢，增加土壤病虫侵害的机会，出苗率低，幼苗生长不良。特别是普通型花生，在结荚成熟期间，往往碰上秋旱和低温，影响荚果发育和养分积累，导致饱果率、出仁率和含油率低而降低产量和质量。

二、关键问题与难点

避免春播花生因播期不合理或特殊天气原因造成的烂种烂芽及病虫侵害，影响产量品质。

三、技术目标与要点

1. 技术目标

开展春播覆膜高产栽培技术，有益于解决制约春花生生长存在的不良环境问题，达到增产增效的目标。

2. 技术要点

（1）合理轮作。避免重茬、迎茬。秋末冬初深耕，一般耕深25~30cm，2~3年深耕一次。

（2）适期播种。适当延迟播种，待地温稳定达到15℃以上之后再播种，覆膜春花生成熟期比露地栽培提早7~10d。拌种前晒种2d，打破种子休眠，提高花生的发芽率。春花生播种每亩穴数为

0.8万~1.1万穴，每穴2粒。采用花生联合播种机将镇压、筑垄、施肥、播种、覆土、喷药、展膜、压膜、膜上筑土带等技术一次完成；地膜宽以90cm为宜，地膜厚度≥0.008mm。

（3）及时开孔放苗。花生顶土鼓膜时，开膜孔放苗，开孔后随即在膜孔上盖3~5cm厚的湿土，防止幼苗高温烫伤。

（4）中后期管理。植株生长过快，要在封垄前及时化控，确保不旺长。后期结合叶部病害防治，喷洒磷酸二氢钾等叶面肥，防病防早衰。植株由绿变黄，主茎保留3~4片绿叶，70%以上荚果果壳硬化，网纹清晰，果壳内壁呈青褐色斑块时，应及时收获。将地里的残膜拣净，降低残膜污染风险。收获后及时晾晒，将荚果含水量降到10%以下，晾晒时采取隔离措施、严防和其他品种混杂。

四、适宜地区与条件

该技术主要适宜于黄淮海地区（山东、河南、河北、安徽等省）春播花生种植；适宜种植的有花育22、花育33、花育36等大花生品种及花育51等小花生品种。

五、实施事例与效果

在山东省莱西市开展花生春播覆膜高效栽培技术，每亩播种0.8万穴、每穴2粒，每亩地在冬前深耕施三元复合肥50kg，花生收获期测定亩产410kg，肥料利用率平均提高8%。

六、特殊注意事项

花生剥壳时间在播种前10d左右为宜；春花生生长中期不能揭膜；收获时要注意收回残膜；成熟后应及时收获，防止落果、烂果。

夏直播花生高产高效栽培技术

一、技术背景意义

夏直播花生生育期一般 100~115d，特点是"三短一快"。三短：一是播种至始花时间短。二是有效花期短。三是饱果成熟期短。一快是生育前期生长速度快。在肥水充足、高温多雨情况下，容易徒长倒伏。

二、关键问题与难点

协调生育期短与产量要求之间的矛盾，避免高肥水高温条件下杂草快速生长与花生争水肥争光照争空间，协调生育前期旺长与生育后期早衰。

三、技术目标与要点

1. 技术目标

发展夏直播花生高产高效栽培实现花生增产、农药减施。

2. 技术要点

（1）品种选用和种子处理。因地制宜选用早熟高产、抗病性好、适合机械收获、生育期在 110d 以内的花生品种，如远杂 9102、远杂 9307、远杂 9847、豫花 22 号、豫花 23 号、豫花 37 号、冀花 9 号、冀花 10 号、冀花 11 号等。精选大小均一、活力强，且发芽率超过 95% 的种子，确保种子纯度和质量。播种前选择合适药剂进行拌种，防治根腐病、蚜虫及地下害虫等。

（2）抢时早播。墒情不足的要灌溉造墒播种或干播湿出，选用黑膜、双色膜起垄覆膜。种植积温足够的非旱区也可不覆膜起垄种植，规格为垄距 80cm，垄面宽 50~55cm，垄高 10~20cm。垄上播 2 行花生，垄上行距 30~35cm。花生穴距 14~15cm，每亩播 1.0万~1.2 万穴，每穴播 2 粒种子。

（3）中后期管理。适时开展化控，防止地上部徒长。盛花和大量果针形成下针阶段（7 月下旬至 8 月上旬），干旱时应及时灌溉。同时，应保持田间"三沟"相通，注意排水，防止芽涝、苗涝，以及后期涝灾对产量品质的影响。

四、适宜地区与条件

主要集中在长江流域北部和黄河流域花生产区，如豫南、鲁南、苏北等地。

五、实施事例与效果

在江苏沭阳开展应用麦茬夏播花生高产高效栽培技术，每亩播种 1 万穴、每穴 2~3 粒，药剂拌种，播后配套好内外"三沟"，每亩平均产量达到 400kg。

六、特殊注意事项

管理上以促为主、促控结合。要精细整地，施足底肥，用量应根据预期产量、土壤肥力平衡施肥，合理使用氮磷钾和钙肥，适量补充微肥。夏花生对干旱十分敏感，任何时期都不能受旱，同时，应保持田间"三沟"相通，注意排水，防止芽涝、苗涝，以及后期涝灾。

麦套花生高产高效栽培技术

一、技术背景意义

麦套花生，就是在小麦收获前15~20d，在小麦的行间种植花生。麦套花生是一种提高复种指数、充分利用地力和光能资源的栽培方式，该种植模式主要在黄淮花生产区应用。其综合增效机理均是较麦茬花生提早了播种期，发挥了麦田肥料的后效，在北方地区还发挥了一水两用的功效。

二、关键问题与难点

麦套花生苗期在小麦行间生长，由于小麦的遮光，造成花生接受光照不足，生长发育受到一定影响。表现为主茎伸长快，侧枝发育慢，基部节间较长叶片较少、叶色黄，植株长势弱、呈现"高脚苗"的长相。

小麦收获后，光热资源充足，花生要经历叶片由黄变绿、侧枝伸长、苗势由弱转旺的缓苗过程。缓苗后，多数年份为高温多湿天气，花生植株生长快，干物质积累快速增加。但在生长中期易发生徒长现象。

三、技术目标与要点

1. 技术目标
通过优化的高效生产技术实现麦套花生的高产高效生产。

2. 技术要点
（1）品种选用和种子处理。因地制宜选用中早熟高产、抗病性好、适合机械收获、生育期在120d以内的花生品种，如豫花

9327、豫花 15 号、远杂 9847、豫花 9326、花育 25 号、花育 9812 等。精选大小均一、活力强，且发芽率超过 95% 的种子，确保种子纯度和质量。播种前选择合适药剂进行拌种，防治根腐病、蚜虫及地下害虫等。

（2）抢时早播。墒情不足的可以先播种再浇水，每亩播 1.0 万穴左右，每穴播 2 粒种子。

（3）中后期管理。花针期可亩追施石膏粉 25kg，促进荚果和籽仁发育。在花生株高达 30cm 左右时，有旺长趋势的田块应及时喷施植物生长调节剂，控旺防倒。调节剂的使用应严格按照使用说明书，喷施时间一般于上午 10：00 前或下午 3：00 后进行。后期结合叶部病害防治，喷洒磷酸二氢钾等叶面肥，防病防早衰。生长期遇到干旱及时浇水。

四、适宜地区与条件

主要集中在黄淮花生产区，如在河南省中部和山东省西南部。

五、实施事例与效果

山东枣庄麦套花生高产攻关田 2001 年亩产 503.6kg，2002 年亩产 548.25kg。亩播 1 万穴，每穴 2~3 粒。麦收后及时中耕灭茬，合理化控。

六、特殊注意事项

应力争在 6 月 10 日前播种。但是 5 月下旬至 6 月上旬往往出现旱情，影响花生播种。所以墒情差时，播种后应立即浇蒙头水，保证花生出苗和花期所需水分。同时夏季温度高、湿度大，花生种子容易吸潮，种后容易发生霉烂、根腐病、茎腐病等病害，所以种子一定要用多菌灵、灵福粉等药剂拌种，以提高出苗率。

高油酸花生优质栽培技术

一、技术背景意义

高油酸花生是指油酸含量达 75% 以上的花生品种。与普通花生相比，高油酸花生食用油和食品能够保持花生良好的风味经久不衰，货架期显著延长。近年来，高油酸花生发展势头迅猛，目前全国高油酸花生品种已有几十个，但优质丰产栽培技术依然不配套，故针对高油酸花生的特点开展优质栽培技术对于高油酸花生的产业发展具有重要的意义。

二、关键问题与难点

与普通花生种植相比，高油酸花生种子出芽对温度要求比较高，出苗时容易出现低温烂种现象。

三、技术目标与要点

1. 技术目标

通过品种选用、种子处理、播期推迟、合理密植等技术措施，实现高油酸花生优质高效生产。

2. 技术要点

（1）品种选用。根据当地生产条件选择油酸含量 75% 以上的花生品种，如大花生品种花育 917、花育 961，小花生品种豫花 37 号、花育 52、花育 662 等。

（2）种子处理。播种前 7~10d 剥壳，剥壳前晒种 2~3d。剥壳时随时剔除虫、芽、烂和杂果。剥壳后将种子筛选分级，分级时同时剔除与所用品种不符的杂色种子和异形种子。选用籽仁大而饱满的种子播种，种子精度99%、纯度99%，发芽率在85%以上。

（3）播期推迟。花生播种要求连续5d日平均5cm地温稳定在18℃以上。北方春花生适宜在5月上、中旬播种，麦套花生在麦收前15~20d套种，夏直播花生抢时早播，山东、河南及河北等地不晚于6月20号。南方春秋两熟区，春花生宜在2月中旬至3月中旬，秋花生宜在立秋至处暑播种。

（4）种植密度及规格。北方产区春播大花生每亩播0.9万~1.0万穴，小花生每亩播1.0万~1.1万穴，夏直播1.1万~1.2万穴，每穴2粒。也可采取单粒播种，每亩播1.4万~1.5万穴，每穴1粒。南方产区春播每亩播0.9万~1.0万穴，每穴2粒。也可采取单粒播种，每亩播1.3万~1.5万穴，每穴1粒。

（5）田间水分管理。花针期和结荚期遇旱，中午叶片萎蔫且傍晚难以恢复的情况下，应及时适量浇水。饱果期（收获前1个月左右）遇旱应小水润浇。结荚后如果雨水较多，应及时排水防涝。

四、适宜地区与条件

该技术适宜于黄淮海、华南、西南、西北等全国花生产区。

五、实施事例与效果

通过高油酸花生优质栽培技术，可解决高油酸花生生产问题，防止高油酸花生与其他花生品种的混杂，实现高油酸花生生产的健康发展。

六、特殊注意事项

高油酸花生和普通花生品种从外观上不好鉴别，容易混杂，造成品质降低，因此做好花生种子的去杂和成熟期贮藏非常重要。播种时应将播种机械清理干净，严防机械混杂。

花生高蛋白优质栽培技术

一、技术背景意义

蛋白质是由氨基酸合成的。在籽仁发育成熟过程中，氨基酸等可溶性含氮化合物从植株的其他部位（主要是叶片）转移到种子中，在种子中合成为蛋白质，以蛋白质粒贮藏在细胞中。在籽仁发育过程中，籽仁中蛋白质相对含量变化不大，而绝对含量与籽仁干物质积累大体一致，呈"S"形增长曲线。因此，提高单位面积蛋白质的产量，可通过提高产量或提高籽仁蛋白质含量来实现，最理想的方式是二者同时提高。本技术是以持续提高花生产量为前提的，协同提高产量与蛋白质含量。

二、关键问题与难点

施肥可以提高花生籽仁中蛋白质含量，但超过一定量后蛋白质含量反而降低；过多施用某种单质肥料也会影响其他营养元素的吸收，并最终影响产量。

三、技术目标与要点

1. 技术目标

通过合理且合适的栽培技术实现花生高蛋白高产量生产。

2. 技术要点

（1）精选高蛋白品种。选择高产稳产蛋白质含量高的品种，如豫花 8 号、福花 5 号、闽花 6 号、阜花 10 号、阜花 13 号、闽花 6 号、锦花 9 号、粤油 79 等。种子剥壳前带壳晒种 2~3d，播种前 10~15d 剥壳。剥壳后将种子分成 1、2、3 级，籽仁大而饱满的为

1级，不足1级重量2/3的为3级，重量介于1级和3级之间的为2级。用1、2级种子播种。播种前选择合适药剂进行拌种，防治根腐病、蚜虫及地下害虫等。

（2）合理施肥。根据产量水平确定施肥量，每生产100kg荚果需亩施有机肥40～50kg，化肥约施纯N 2kg、P_2O_5 1kg、K_2O 2.2kg。亩产300kg左右的花生，需亩施商品有机肥100～150kg、三元复合肥18～20kg、缓释尿素7～8kg、硫酸钾6～7kg，或可施用含量相当的其他种类的复合肥、专用肥。300kg以上产量水平，按需肥特点增加施肥量。同时要根据当地土壤养分丰歉情况，因地制宜补施钙微肥，碱性土壤亩施50～80kg石膏，酸性土壤亩施30～50kg石灰。微肥主要包括硼、钼、锌等，每亩施0.5～1kg。有机肥、氮磷钾化肥做基肥，结合耕地均匀施在0～30cm的耕作层，钙肥和微肥结合播前旋地均匀施在0～10cm的结实层。

（3）适当晚播，覆膜栽培。山东地区尽量在5月1日后播种。地膜覆盖栽培。具体规格如下：春播垄距85～90cm，垄面宽50～55cm，每垄2行，垄上小行距27～30cm，穴距15～17cm，每亩播0.9万～1.0万穴，实收株数不低于1.8万株。

（4）田间管理。足墒播种的花生，幼苗期一般不浇水，生育中期（花针期和结荚期）遇干旱应及时浇水。生育后期（饱果期）遇旱应及时小水轻浇、润灌，防止植株早衰。遇涝则及时排灌防止涝害。中低产田，在花生始花至盛花期叶面喷施三十烷醇等植物生长促进剂，促进花生生长发育。当植株高度达到30～35cm（中低产田）或35～40cm（高产田）时，每亩用5%烯效唑40～50g可湿性粉剂（有效成分2～2.5g），加水35～40kg进行叶面喷施，如果主茎高度超过45cm可再喷1次，防止花生徒长倒伏，提高结实率和饱果率。

四、适宜地区与条件

该技术主要适宜于黄淮海地区食用或出口等非油用花生产区。

五、实施事例与效果

20 世纪 90 年代山东省花生研究所在莱西的试验表明，合理施用硫肥促使花生籽仁蛋白质含量提高 2.5%~2.8%。

六、特殊注意事项

化控可与防病或治虫等措施一起进行，以减少田间喷药次数。

花生地膜覆盖优质高效栽培技术

一、技术背景意义

地膜覆盖是一种良好的保护性栽培方法，能够达到保墒、增温等效果，同时，土壤疏松，肥料流失现象较少发生，并能够促进微生物活动，使土壤的通透性获得显著增强，土壤中较少出现病虫为害。花生地膜覆盖栽培一般增产 20%~30%，同时还可以改善花生的品质，增加花生油脂和蛋白质的含量。

二、关键问题与难点

选择合适的地膜开展适于花生种植的地膜覆盖种植，促进花生高产高效，同时减少地膜使用造成的环境污染问题。

三、技术目标与要点

1. 技术目标

开展花生地膜覆盖优质高效栽培技术，能够进行人工调节控制，改善非生物环境因素，加快花生生育进程，达到增产增效的目标。

2. 技术要点

（1）选用适宜地膜。选择线性聚乙烯和高压聚乙烯塑料薄膜，一般以宽度 90~150cm、厚度 ≥0.008mm 的微膜，推荐使用 0.01mm 厚的地膜。每亩大田用膜 4~5kg。

（2）田间地膜使用。当前多功能花生播种机可实现播种、施肥、打药、覆膜等作业程序一次完成。盖膜时要求四周压牢，膜紧贴地面，膜上可轻撒些细土或细河沙，防止大风揭膜。覆膜播种的方法有两种，一种是先覆膜后打孔播种，另一种是先起垄播种后覆膜。播种后，要护膜保墒，经常检查薄膜有无破损、透风之处，如发现及时用土压好、堵严。

（3）及时开孔放苗。在先播种后覆膜的花生顶土鼓膜时，应及时开孔放苗。花生出苗后应及时引苗，用湿土封严膜孔。结合引苗，把第一对侧枝抠出膜外，及时清除膜孔上过多的土堆，出齐后及时查苗补种。

（4）废膜回收。花生成熟收获后，要及时、彻底回收废膜，防止其污染土壤。

四、适宜地区与条件

本技术适宜于花生主要产区，特别是在积温不足、缺少灌溉条件或干旱少雨的地区应用。

五、实施事例与效果

在山东省开展花生春播覆膜高效栽培技术和夏播覆膜高效栽培技术的地块，产量分别比不覆膜栽培提高30%和20%。

六、特殊注意事项

开孔放苗应当在上午10：00以前或者下午3：00以后进行，防止闪苗。

花生耐低温高效栽培技术

一、技术背景意义

低温是限制花生产量提升的重要因素之一。播种后遭遇低温轻则降低花生萌发速度，推迟物候期，影响出苗整齐度，重则导致"粉籽"和"烂种"，出苗率显著降低。花生收获前遭受低温冻害，严重影响产量和品质形成，造成巨大经济损失。

二、关键问题与难点

若采用杀菌剂或杀虫剂等拌种易延缓花生出苗，在积温较低的地区可在花生出苗后喷施农药，或在拌种时配合使用促进萌发的药剂。

三、技术目标与要点

1. 技术目标

集成花生耐低温高效栽培技术，达到增产 8%~12%，经济效益增加 10%~15% 的目标。

2. 技术要点

（1）品种选择及播种时间。普通油酸大花生品种应在 5cm 地温连续 5d 稳定在 15℃ 以上时播种，普通小花生品种为 12℃ 以上，而高油酸花生适宜播种温度比相同果型的普通花生高 2~3℃。在东北地区应选用生育期短的花生品种（105~115d），而对品种没有要求时应尽量选用非高油酸小花生品种。

（2）拌种。花生播种前可采用抗低温的种衣剂拌种，如"苗苗亲"，拌种时药种比为 1：75，即 1kg 药+水，拌 75kg 种子。

（3）地膜选用。选用聚乙烯无色透明膜，厚度≥0.008mm，透明度≥80%，切忌使用黑膜。黑地膜在阳光照射下，本身增温快、湿度高，但传给土壤的热量较少，故增温作用不如透明膜。

（4）增施暖性肥料。应多施火烧土或土杂肥加腐熟牛粪等暖性肥料，增加土壤温度，提高植株抗寒能力。一般土杂肥施用量为每亩700~1 000kg，牛粪适宜用量为每亩150~300kg。

（5）喷施叶面肥和生长调节剂。花生出苗后至收获前若遇低温（寒流）可喷施磷酸二氢钾、芸薹素内酯和复硝酚钠的复合调节剂，用磷酸二氢钾（100g）+0.01%芸薹素内酯可溶粉剂（10~15g）+1.8%复硝酚钠水剂（10~15g），兑水30kg均匀喷雾，一般喷2~3次，两次间隔7~10d。

四、适宜地区与条件

该技术主要适宜于积温较低的东北、华北东北部花生产区。

五、实施事例与效果

在鲁东春花生田采用上述技术，可有效防止早春寒潮冻害，促进花生发芽出苗。

六、特殊注意事项

人工播种时切勿打孔播种，机械播种时应避免机械对地膜的损伤，以免地膜透风漏气，保温效果下降。

花生单粒精播高产栽培技术

一、技术背景意义

采用 2 粒或多粒播种，易引起单株发育差、生产潜力难发挥等问题，同时花生生长前期容易徒长，后期容易早衰。发展花生单粒精播优质栽培技术，通过少个体、壮群体，搭配高产优质品种，有效提高单株增产增效潜力，突破花生生长前期与后期矛盾，实现花整齐、针结实、果饱满，实现产量、品质与效率提升效果。

二、关键问题与难点

节省种子用量与发展单株潜力，花生群体总量减少与增产提质增效要求的难以满足。

三、技术目标与要点

1. 技术目标

发展单粒精播技术，在节省用种 20%～30%基础上，能够增产 5%～10%，增加经济效益 10%～15%。

2. 技术要点

（1）土壤选择与平衡施肥。选择土层深厚、排灌良好、土壤肥力高、保水保肥性能好的沙壤土或壤土，选好茬口，与玉米、谷子等禾本科作物轮作。根据地力情况，配方施用化肥，确保养分全面供应。增施有机肥，精准施用缓控释肥，确保养分平衡供应。施肥要做到深施，全层匀施。

（2）品种选用和种子处理。选用产量潜力大、综合抗性好，通过国家或省登记（审定、鉴定、认定）的品种，如花育 22 号、花育 36 号、丰花 9 号等。精选籽粒饱满、活力强、大小均一，且发芽率超过 95% 的种子，确保种子纯度和质量。播种前选择合适药剂进行拌种，防治根腐病、蚜虫及地下害虫等。

（3）单粒播种。亩播 1.3 万~1.6 万粒，播深 2~3cm，播后酌情镇压。密度要根据地力、品种、耕作方式和幼苗素质等情况来确定。肥力高、中晚熟品种、春播、覆膜、苗壮宜降低密度，反之则增加密度。覆膜栽培时，膜上筑土带 3~4cm，当子叶节升至膜面时，及时将播种行上方的覆土摊至株行两侧，宽度约 10cm、厚度 1cm，余下的土撤至垄沟。

（4）田间管理。花生生长关键时期，遇旱适时适量浇水，遇涝及时排水，确保适宜的土壤墒情。花生生长中后期，酌情适期化控和叶面喷肥，确保植株不旺长、不脱肥。

四、适宜地区与条件

此技术适用范围广、应用前景广阔，适宜于黄淮海、东北、华南、西南、西北等全国花生主要产区，尤其对一些长期沿用多粒穴播的地区，节种与增产的现实意义更为重要。

五、实施事例与效果

2015 年在平度市古岘镇的春花生单粒精播技术高产攻关田进行了实打验收，亩产达到 782.6kg，创全国花生高产新纪录，改变了"只有一穴双粒创高产"的传统认识。

六、特殊注意事项

根据产量和增效目标，确定适宜的花生品种及种植密度；采取花生机械精量播种，确保花生出苗质量和保证花生有效株数及结实率。

花生三防三促优质高效栽培技术

一、技术背景意义

高产花生由于较大的种植密度和较高的肥水供应水平，生育中期植株容易旺长，造成田间郁蔽、通风透光能力差，生育后期肥力不足，所以生产上存在以下几个问题：一是遇连阴雨天气会导致植株徒长倒伏；二是田间郁蔽会加重病虫害尤其是叶斑病的发生；三是花生不便追肥容易使生育后期脱肥早衰。植株徒长倒伏、叶斑病加重和脱肥早衰等均显著影响荚果的充实饱满，限制了产量提高甚至导致减产严重。在产量调控理论和田间调控技术研究的基础上，创建了"三防三促"调控技术，能够精准化控，防徒长倒伏，防病保叶，防后期早衰，促进荚果充实饱满。

二、关键问题与难点

对花生发育中期控制旺长，及后期防治叶斑病和防止植株早衰，缺少高效、简便的系统化措施。

三、技术目标与要点

1. 技术目标

促进高产花生理想株型塑造，改善植株生理特性，促进荚果生长发育。

2. 技术要点

（1）喷防前施肥与播种。冬前深耕，每亩基施腐熟有机肥3 000kg，复合肥（$N_{15}P_{15}K_{15}$）80kg。播前旋耕，每亩可施用缓释肥（$N_{14}P_{13}K_{18}$）40kg，钙镁磷肥50kg。选用高产品种，精选1级米做种子，播前使用种衣剂精细包衣。起垄覆膜栽培，垄距 85cm，垄面宽 55cm，垄高 10cm，垄上 2 行花生，垄上小行距 30cm，播种行距离垄边 12.5cm，穴距 10cm，播深 4cm，每亩播种 1.56 万穴，每穴播 1 粒种子。

（2）精准高效喷防。精准化控，在主茎高 28cm 时，每亩用 15%多效唑可湿性粉剂 33.3g 兑水 50kg 进行均匀的叶面喷施，或施用其他生长抑制剂。提早用药，结荚期开始每隔 15d 左右叶面喷施杀菌剂 40%苯醚甲环唑悬浮剂+25%嘧菌酯悬浮剂 800 倍液，连续喷施 3 次，或施用其他杀菌剂。叶面追肥，饱果期开始每隔 7d 左右每亩叶面喷施 2%尿素+0.2%磷酸二氢钾水溶液 50kg，连续喷施 3 次，或使用其他叶面肥。

四、适宜地区与条件

适用范围广泛，适宜于全国花生主产区。

五、特殊注意事项

不同地力条件下、不同花生品种或不同季节花生化控时间和化控浓度可适当调整，干旱年份宜减量分次化控。

花生—玉米宽幅间作栽培技术

一、技术背景意义

同时保障粮食、油脂安全是现代农业发展的重点方向。花生—玉米宽幅间作高效生态种植模式能充分发挥作物边际效应和花生生物固氮双重优势，有效缓解粮油争地、人畜争粮、种养不协调的矛盾，较好地解决小麦—玉米单一种植模式造成的土壤板结、地力下降、化肥农药使用量较多等生产问题。

二、关键问题与难点

合理利用作物生长季节，提高复种指数，改善行间通风透光条件，调整生长条件，达到粮食与花生双丰收的目的。

三、技术目标与要点

1. 技术目标

间作模式下亩产玉米 500kg 以上、花生 150kg 以上，较单作玉米化肥农药减施 15%左右，综合效益提高 30%以上。

2. 技术要点

（1）选择适宜模式。采用 3∶4 或 3∶6 模式种植（图 2-1）。间作花生垄底宽 85cm，垄面宽 50cm，1 垄 2 行，花生单粒播种，穴距 10cm 左右。间作玉米单粒精播，株距应控制在 12~14cm。亩面积确保播种花生 7 500~9 100 穴、玉米 3 700~4 000 穴。

（2）选择适宜品种。玉米和花生品种都要适宜当地生态区域。玉米选用紧凑或半紧凑型的耐密、抗逆高产良种，如鲁单818、登海 605、郑单 958、迪卡 517 等；花生选用耐阴、耐密、

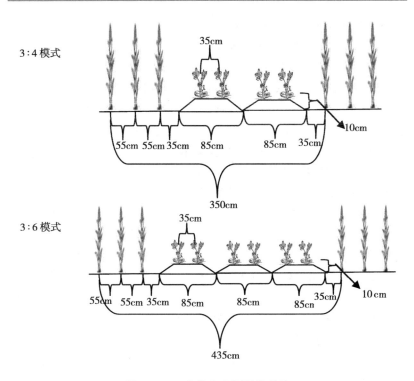

图2-1　玉米花生宽幅间作栽培

抗倒高产良种，如花育36号、花育22号、花育25号、丰花1号等，播前精选种子。

（3）选择适宜机械。播种机从目前生产推广应用的玉米播种机械和花生播种机械中选择，实行玉米带和花生带分机播种；也可采用玉米花生一机同播的一体化播种机。玉米收获选用现有的联合收获机，花生收获选用联合收获机或分段式收获机。

（4）抢墒播种保出苗。玉米采用包衣种子。花生选用种衣剂或药剂等进行拌种。根据种植规格和肥料用量调好玉米株行距及花生行穴距、施肥器流量及除草剂用量，利用标尺等工具控制好带宽，防止带宽走窄或加大。要适墒播种，确保一播全苗壮苗。分机播种要先播花生，夏播越早越好。

（5）科学施肥。重视有机肥的施用，以高效生物有机复合肥为主，两作物肥料统筹施用。底肥每亩施用纯 N 8~12kg、P_2O_5 6~9kg、K_2O 10~12kg、CaO 8~10kg，适当施用硫、硼、锌、铁、钼等微量元素肥料。在玉米大喇叭口期亩追施 8~12kg 纯氮，施肥位点可选择靠近玉米行 10~15cm 处。覆膜花生一般不追肥。

（6）控杂草、防病虫。重点采用播后苗前封闭除草。每亩用 150~200mL 50%乙草胺，或 75~100mL 96%精异丙甲草胺乳油，或 100~125mL 33%二甲戊灵乳油，兑水 30~35L 均匀喷施；苗后除草在玉米 3~5 叶期，苗高达 30cm 时，每亩用 4%烟嘧磺隆胶悬剂 75mL 定向喷施，花生带喷施 5%精喹禾灵乳油等花生苗后除草剂。应采用适合间作的隔离分带喷施技术机械喷施，避免喷到另一种间作作物。玉米、花生病虫害按常规防治技术进行，主要加强地下害虫、蚜虫、红蜘蛛、玉米螟、棉铃虫、斜纹夜蛾、花生叶螨、叶斑病、锈病和根腐病的防治。

（7）田间管理控旺长。对玉米一般不进行激素调控，但对生长较旺的半紧凑型玉米，在 10~12 展开叶时，每亩用 40%玉米健壮素水剂 25~30g，兑水 15~20kg 均匀喷施于玉米上部叶片。花生株高 30~35cm 时，每亩用 5%的烯效唑可湿性粉剂 24~48g，兑水 40~50kg 均匀喷施茎叶（避免喷到玉米）；施药后 10~15d，如果主茎高度超过 40cm，可再喷施 1 次。

四、适宜地区与条件

该技术于 2017—2019 年连续 3 年列入农业农村部主推技术。2016 年 10 月 10 日，中国工程院农学部组织院士专家考察了聊城市高唐县玉米花生宽幅间作生产情况，并对梁村镇百亩示范方进行测产，亩收玉米 517.7kg 和花生 191.7kg。

五、特殊注意事项

不同生态区域可根据当地自然资源及地力条件，选择适宜玉米花生种植比例（如3：4或3：6模式）。注意花生与玉米种植、管理和收获过程中农机农艺配套。

花生高效机械化收获技术

一、技术背景意义

花生生产机械主要应用在播种和收获两个环节。收获是花生生产的重要环节，其用工量占整个生产过程的1/3以上，作业成本则占整个生产成本的50%以上。采用机械化收获，可减轻劳动强度，提高作业效率，争抢农时，保障作业质量，实现花生生产节本增效。

二、关键问题与难点

花生种植模式多样、起垄不规范限制了机械化收获的效果。在花生收获季节，如果土壤质地和含水率无法达到机械化收获要求，收获落果率高、杂质多。

三、技术目标与要点

1. 技术目标

花生机械化收获作业包括分段收获和联合收获两种方式。收获方式和机具应根据当地土壤条件、经济条件和种植模式进行选择。

2. 技术要点

（1）品种选择。联合收获作业地块的花生种植品种应为株型直立、结果范围集中、适收期长、果柄强度大的品种。

（2）种植模式。花生联合收获机适宜收获的种植模式为垄作，一垄两行，垄上行距25~28cm，垄距80~85cm。

（3）适期收获。植株顶端停止生长，上部叶片变黄，基部和中部叶片脱落，茎蔓变黄，大多数荚果荚壳网纹明显，荚果内海绵层收缩并有黑褐色光泽，果皮和种皮基本呈现固有的颜色，此时是花生收获的最佳时期。

（4）土壤水分条件。土壤含水率在 10%~18%，手搓土壤较松散时，适合花生收获机械作业。土壤含水率过高，无法进行机械化收获；含水率过低且土壤板结时，可适度灌溉补墒，调节土壤含水率后机械化收获。

（5）收获方式。应根据当地土壤条件、经济条件和种植模式，选择适宜的机械化收获方式和收获机械。分段式收获提倡采用花生收获机挖掘、抖土和铺放，捡拾摘果机完成捡拾、摘果、清选，或人工捡拾配合机械摘果、清选。联合收获采用联合收获机一次性完成花生挖掘、输送、清土、摘果、清选、集果作业。

四、适宜地区与条件

此技术适宜于北方花生主产区，包括黄淮海地区、东北、西北等地。

五、实施事例与效果

2018 年在山东省莱西市牛溪埠镇示范结果表明，分段式收获机械和联合收获机械每亩地比人工收获可节省 2~4 个劳动力，作业效果提高数倍。

六、特殊注意事项

花生联合收获时，整个作业质量的好坏主要取决于收获系统前端夹秧的高低，以夹持链条入口处距离地面 5~7cm 为宜；抖土器两抖杆距离宜保持在 2.5~3.5cm，若有丢果现象，可适当增加宽度，保持在 4cm 左右。

第 三 章

花生肥水高效管理关键技术

花生氮肥高效施用技术

一、技术背景意义

氮是花生生长发育必需的主要营养元素之一，参与体内营养代谢及化合物的组成，对花生产量和品质存在显著影响作用。花生氮素来源包括肥料氮、土壤氮和根瘤固氮，三者相互联系又相互制约。合理高效施用氮肥，不仅能满足花生对氮素营养需求，还能促进花生根瘤菌固氮，提高花生荚果产量和氮肥利用率，可以有效降低氮肥施用量，减少氮肥生产和施用过程中对生态环境污染，促进花生低碳、绿色生产。

二、关键问题与难点

花生对氮肥当季吸收利用率变化很大，氮肥的吸收利用效率不仅与施肥量及肥料种类密切相关，而且还受花生基因型、土壤肥力、气候条件及栽培管理等的影响。

三、技术目标与要点

1. 技术目标

显著促进花生的生长发育，减少氮肥施用量，提高氮肥利用效率。

2. 技术要点

（1）选择氮高效品种。不同花生品种氮素吸收利用存在较大差异，生产中应根据需要选用根瘤固氮能力强和氮素吸收利用高效的花生品种。如丰花 1 号、潍花 8 号和豫花 9326 等根瘤固氮能力比较高，而花育 22 号、鲁花 14 号、潍花 8 号、鲁花 11 号及海阳四粒红等氮肥利用率较高。

（2）确定适宜目标产量。花生目标产量可以根据近3年花生平均产量（正常气候条件）增加10%~15%确定，也可以是花生历史最高产量。如果目标产量过高，超出通过施用氮肥所能获得的产量，容易引起高投入低产出，如果目标产量过低，虽然降低了氮肥用量，但不能充分发挥产量潜力，降低花生产量和经济效益。

（3）确定适宜氮肥施量。根据确定的目标产量进一步确定适宜氮肥施用量。在条件发达先进的地区可以选用王才斌等建立的"花生高效施氮计算机专家决策系统"计算氮肥施用量。无条件使用"花生高效施氮计算机专家决策系统"的，可以根据目标产量和生产田块的地力水平来确定，具体为：目标亩产量为300~400kg时，土壤速效氮含量≥50mg/kg时，纯氮施用量为每亩4~7kg；目标亩产量为400~500kg时，土壤速效氮含量≥100mg/kg时，纯氮施用量为每亩7~10kg；目标亩产量为500~600kg时，土壤速效氮含量≥130mg/kg时，纯氮施用量为每亩10~12kg；目标亩产量为600~700kg时，土壤速效氮含量≥150mg/kg时，纯氮施用量为每亩12~14kg。

（4）施用缓/控释氮肥。不同生育时期，花生对氮肥吸收利用表现为结荚期>花针期>苗期>饱果期。施用缓/控释氮肥既可以满足不同生育期花生对氮的需求，又可以避免生育前期因土壤氮浓度过高对根瘤固氮带来的不利影响，实现"供需同步"高效施氮。

四、适宜地区与条件

地势平坦、灌排方便、土层深厚、土质疏松、高中低肥力水平的花生田块。

五、实施事例与效果

在莱西市姜山镇试验结果表明，选用氮高效品种花育22号为试验材料，基肥+控释肥处理（播前每亩基施3kg纯化学氮和4kg

的控释氮，控释氮释放期为 90d）显著增加荚果产量，比基肥处理（播前每亩基施 7kg 纯化学氮）亩产增加 39.67kg，增产幅度为 10.7%；基肥+控释肥处理氮的农学效率和氮肥偏生产力分别比基肥处理高 89.2% 和 10.8%，差异达显著水平。

六、特殊注意事项

根据花生品种和土壤养分状况等，确定适宜的目标产量和氮肥施用量。

花生磷肥高效施用技术

一、技术背景意义

磷是花生生长发育必需的营养元素之一，每生产100kg荚果需要吸收磷（P_2O_5）0.9~1.3kg，仅为钾需求量的一半、氮需求量的1/4左右。但生产上为获得高产而大量施入化学磷肥，尤其是高浓度三元复合肥（一般为纯N、P_2O_5和K_2O各占15%）的施用，而磷肥利用率仅为10%~25%，土壤磷素养分残余加剧，不仅造成磷矿资源浪费还增加了环境污染的风险。因此，提高磷肥利用率、减少磷肥投入对花生生产可持续发展具有重要意义。

二、关键问题与难点

以往观点认为"减肥必定减产"，因此，通过选择磷高效的品种并辅以其他农艺措施，使产量和磷肥利用效率同步提升是本技术的难点。

三、技术目标与要点

1. 技术目标

集成花生磷肥高效施用技术，在增产5%~8%的基础上，磷肥投入量减少20%~30%，经济效益增加10%~15%。

2. 技术要点

（1）品种选择。中高产田可选用高产及磷素吸收利用效率较高的品种，如：鲁花11号、冀花5号等。而对于磷素水平一般的中低产田，可选用产量水平尚可，吸磷量中等且磷利用效率较高的品种，如潍花2000-1、花育20号等。

（2）磷肥种类及用量。当土壤速效磷含量<10mg/kg时，磷肥（P_2O_5）推荐施用量为每亩5.4~7.8kg；当土壤速效磷含量10~20mg/kg时，磷肥推荐用量为每亩4.9~7.0kg；当土壤速效磷含量20~40mg/kg时，磷肥推荐用量为每亩4.3~6.2kg；当土壤速效磷含量>40mg/kg时，磷肥推荐用量为每亩3.5~5.5kg。花生磷肥一般选用三元复合肥（$N：P_2O_5：K_2O=15：15：15$），而氮磷钾肥适宜的比例一般为2：1：2。当土壤速效磷含量较高时，可适当减少磷肥的投入比例，复合肥中氮和钾不足的部分用尿素和硫酸钾代替。在中性或偏碱土壤上也可用酸性过磷酸钙作为磷肥，而在酸性土上可用钙镁磷肥或磷酸二铵代替三元复合肥。有条件的地区可用含有解磷细菌（1~2kg/t）的加菌复合肥代替普通复合肥，或者用某些新型肥料代替部分或全部磷肥，如中化集团的"美麒美"肥料（含纯N 16%、P_2O_5 44%）。

（3）耕作及施肥方式。采用深耕、浅旋及增施有机肥相结合的方式，不仅能活化土壤中难溶性磷，还能促进根系下扎。化肥采用分层施肥，保证不同土层养分均衡，提高花生根系对养分的吸收利用。具体做法如下：常年浅耕15~20cm的地块，冬前或早春深耕30~35cm；有机肥和2/3化肥耕地前撒施，播前撒施1/3的氮磷钾肥，浅旋15~20cm 2~3遍，再起垄播种；商品有机肥用量为每亩100~200kg。

四、适宜地区与条件

技术适用范围广、应用前景广阔，适宜于黄淮海、东北、华南、西南、西北等花生主要产区。

五、实施事例与效果

在鲁东春花生田使用该技术，花生对磷的吸收量显著增加，磷肥利用效率显著提高。

六、特殊注意事项

过磷酸钙和磷酸二铵易吸湿结块，在储运过程中应防潮，储存时间也不宜过长。

花生钾肥高效施用技术

一、技术背景意义

钾是花生生长发育所必需的营养元素之一，花生是钾需求量较高的作物，每生产100kg花生荚果需要吸收 K_2O 2~3kg。我国钾矿资源短缺，钾肥对外依存度较高，价格高居不下。而土壤缓效钾及难溶性钾的存在使土壤成为钾素潜在的资源库，这部分钾如果都能被植物逐步利用，可在一定程度上缓解钾矿资源不足的现状。因此，在保证产量的情况下，减少钾肥用量，提高钾肥利用效率对于促进农业可持续发展意义重大。

二、关键问题与难点

硫酸钾和氯化钾是常用的两种化学钾肥，花生是中等忌氯作物，花生钾肥施用应以硫酸钾为主，考虑到成本因素，在酸性土和中性土上可以少施价格相对低廉的氯化钾，而在盐碱土上应严禁使用氯化钾。

三、技术目标与要点

1. 技术目标

集成花生钾肥高效施用技术，在增产5%~8%的基础上，钾肥投入量减少10%~15%，经济效益增加12%~18%。

2. 技术要点

（1）选用高产钾高效品种。选用高产钾高效品种，如冀花5号、冀花6号和鲁花11。这一类品种在保证产量的前提下生产单位产量需钾较少，能够充分发挥品种自身的钾素利用潜力，实现高产与节钾同步。

（2）确定适宜钾肥施用量。可以根据土壤钾素水平来确定钾肥用量，当速效钾（K_2O）含量低于 50mg/kg 时，钾肥（K_2O）施用量为每亩 6.67～10kg，当速效钾含量为 50～90mg/kg 时，钾肥（K_2O）施用量为每亩 4～6.67kg，当速效钾含量高于 120mg/kg 时，钾肥（K_2O）施用量为每亩 2～4kg。没有测土条件的地块可根据土壤质地判断施钾量，一般黏土速效钾含量较高，可少施或不施钾肥，而沙土往往速效钾偏低，应增施钾肥。

（3）选择适宜的钾肥种类。花生钾肥施用应以硫酸钾为主，考虑到成本因素，在酸性土和中性土上可以少施价格相对低廉的氯化钾，而在盐碱土上应严禁使用氯化钾。有条件的酸化花生田也可以使用草木灰代替部分化学钾肥，替代量（K_2O）以 30%～50% 为宜，草木灰也不宜在盐碱地上施用。另外，在花生播种前可使用生物钾肥拌种，使土壤中植物难利用的钾向植物可利用的水溶性钾转变，一般用量为每亩 0.47～1kg。

（4）耕作措施及钾肥施用方法。常年浅耕 15～20cm 的地块，冬前或早春深耕 30～35cm。有机质含量低的地块可每亩施用商品有机肥 100～200kg，以提高钾肥的有效性，其中 2/3 氮磷肥和全部钾肥和有机肥在耕地前撒施，播前撒施 1/3 氮磷化肥，浅旋 15～20cm 2～3 遍，再起垄播种。

四、适宜地区与条件

此技术适用范围广、应用前景广阔，适宜于黄淮海、东北、华南、西南、西北等花生主要产区。

五、实施事例与效果

在鲁东春花生田使用该技术，花生对钾的吸收量显著增加，钾肥利用效率显著提高。

六、特殊注意事项

硫酸钾和氯化钾均为生理酸性肥料，酸性土壤施用上述两种肥料易加剧土壤酸化，因此可施用一定量的石灰用于中和酸性物质。但石灰中钙含量较高，与钾肥混合施用时易造成花生烂果，因此，两种肥料应分层施用，即石灰施在 0~10cm 土层（花生结实层），而钾肥应施用在 10~30cm 土层（花生根系层）。

花生钙肥高效施用技术

一、技术背景意义

钙是花生生长发育过程中需求量较多的元素。钙是重要的营养及信号物质，调控植物的细胞分裂、伸长生长、发育和逆境响应。研究表明，每形成 100kg 荚果，需吸收钙 2.0~2.5kg，多于花生对磷的需求量。土壤可交换钙（Ca）不足使花生产生空秕或种子发育受阻，从而导致产量降低。

二、关键问题与难点

钙肥种类的选择、施用时期和施肥量多少影响钙肥施用的效果。钙肥选择不当或钙肥施用量过小，钙肥对产量增加效应不明显；施用量大易造成浪费，经济效益下降。

三、技术目标与要点

1. 技术目标

促进花生对钙的吸收利用，减少空秕率的发生，促进花生产量提高。

2. 技术要点

（1）根据地块选择不同的钙肥。依据土壤 pH 值合理选择相应的钙肥，盐碱地适宜施用过磷酸钙、石膏等；酸性地块，一般适宜施用钙镁磷肥、熟石灰、生石灰等。

（2）钙肥施用量。根据产量水平和土壤缺钙程度确定用量，一般情况下普通地块基肥每亩用量为 30~50kg，缺钙严重地块可适当增加用量。酸性土壤每亩施钙镁磷肥或石灰等钙肥 50~80kg 及微生物菌肥，作为种肥在旋耕起垄前撒施，使其能分布在 10cm 的结实土层内。盐碱地每亩施 50~60kg 石膏作基肥，花针期每亩追肥 25kg。

（3）钙肥施用时期和方式。花生根系和果针生长发育时期，对钙的需求比较敏感，钙肥应做基肥早施和出现果针时追肥，分基施和追施两次施入。

四、适宜地区与条件

酸性、盐碱土缺钙地块及花生高产田。

五、实施事例与效果

2016 年在威海市文登区西楼社区酸性土壤上进行试验示范，亩平均单产 426.3kg，周边普通花生田平均单产 221.8kg，试验地块单产量约是普通地块的 1.92 倍。

六、特殊注意事项

钙肥施用的同时要注意补充有机肥，特别是对有机质含量较低的土壤，否则容易造成土壤贫瘠。施用钙肥需要翻耕，以免造成土壤板结。

花生中微肥高效施用技术

一、技术背景意义

中微量元素是植物健康生长发育不可缺少的营养元素，若土壤中缺乏中微量元素或中微量元素与大量元素间的平衡被打破，将限制作物产量和品质的提高。长期以来，包括花生在内的农田存在着重无机肥、轻有机肥，重大量营养元素、轻中微量营养元素的问题，导致土壤耕作层营养不平衡，尤其是中、微量营养元素缺乏越来越严重，由此导致花生生产中病虫草害加剧、花生品质降低等问题，对提高花生产量产生影响。因此，花生生产中增施中微量元素对提高花生产量、改善花生品质具有重要意义。

二、关键问题与难点

中微量元素拮抗问题是关系到中微量元素肥效的关键问题。现有的中微量元素肥料一般都加入了可溶性无机盐，由于各元素的拮抗作用会大大降低肥效，影响植物的吸收效果。选用合适的中微量肥料和肥料的施用方法及施用时间是保障肥效的关键。

三、技术目标与要点

1. 技术目标

通过施用中微量元素肥料，提高花生产量，改善花生籽仁品质。

2. 技术要点

（1）中量元素肥料。依据土壤 pH 值合理选择相应的钙肥，盐碱地适宜施用过磷酸钙、石膏等；酸性地块，一般适宜施用钙镁磷肥、熟石灰、生石灰等。一般情况下普通地块基肥每亩用量为30~50kg，缺钙严重地块可适当增加用量。花生根系和果针生长发育时期，对钙的需求比较敏感，钙肥应做基肥早施和出现果针时追肥，分基施和追施两次施入。镁肥和硫肥选硫酸镁一起施用，每亩用7.5kg作基肥施用，也可在花生生长中前期叶面喷施同时补充。

（2）微量元素肥料。对花生而言，其生长发育所需微量元素主要是钼、锌、铁和硼等元素。如果花生在生长发育过程中没有表现出相应的缺素症状，可不用施用相应的肥料；若表现出明显的缺素症状，则需要补充相应的微量元素。可购买市面上的成品叶面微肥进行喷施，或者每2~3年配合氮磷钾等大宗肥料进行基施。有机肥中含有植物所需的各种微量元素，所以也可以通过施用有机肥补充微量元素，同时也可以改善花生田的土壤质量，减少化肥的施用量。

四、适宜地区与条件

该技术适用范围广、应用前景广阔，适宜于黄淮海、东北、华南、西南、西北等全国花生主产区，尤其山东、河南等花生生产大省。

五、实施事例与效果

在鲁东春花生田开展以钙镁磷肥和硫酸锌叶面肥为主的中微量元素肥料试验，可提高花生产量8%以上，并显著改善花生蛋白质含量等品质状况。

六、特殊注意事项

中微量元素拮抗问题是关系到中微量元素肥效的关键问题，注意不同肥料的施用时间及施用方法，避免因离子拮抗而导致肥效降低。

花生有机生态活性肥施用技术

一、技术背景意义

有机生态活性肥料是有机固体废弃物经微生物发酵、除臭和完全腐熟后制作而成的肥料。有机活性生态肥料富含有机质，营养元素齐全，能够改良土壤，改善土壤理化性状，减少土壤板结，增强土壤保水、保肥能力。生物有机肥料中的有益微生物进入土壤后与土壤中微生物形成相互间的共生增殖关系，能直接或间接为作物提供多种营养和刺激性物质，促进和调控作物生长。同时，增强作物抗逆抗病能力降低重茬作物的病情指数，连年施用可大大缓解连作障碍。

二、关键问题与难点

由于有机生态活性肥不如普通化学肥料见效快，可以用有机生态活性肥与普通化学肥料配合施用，慢慢改良因过量施用化肥造成的土壤板结等问题。

三、技术目标与要点

1. 技术目标

本技术开始应用时可有机生态活性肥配合化学肥料施用，保证花生增产10%以上，并改良土壤理化性质，改善土壤因过量施用化学肥料造成的板结；技术应用几年以后可完全施用有机生态活性肥，提高花生品质，达到增产增收的效果。

2. 技术要点

（1）整地与施用有机生态活性肥：选择土层深厚、排灌良好的沙壤土或壤土，选好茬口，可与玉米、谷子等禾本科作物轮作。选择市面上正规公司生产的有机生态活性肥，按照规定的施用方法和用量进行施肥。因不同品牌的肥料各种营养元素含量不等，有机生态活性肥和化学肥料的用量可根据当地土壤养分含量决定。肥料施入后进行深耕整平。

（2）种植生产与田间管理。选用产量潜力大、综合抗性好，通过国家或省登记（审定、鉴定、认定）的品种，如花育22号、花育36号、丰花9号等。精选籽粒饱满、活力强，大小均一，且发芽率超过95%的种子，确保种子纯度和质量。播种前进行晒种后选择合适药剂进行拌种，防治根腐病、蚜虫及地下害虫等。一般起垄种植，规格为垄距80~85cm，垄面宽50~55cm，垄高4~5cm。垄上播2行花生，垄上行距30~35cm。大花生穴距10~11cm，每亩播1.35万~1.45万穴，小花生穴距9~10cm，每亩播1.45万~1.55万穴，每穴播1粒种子。花生苗期到开花期要注意蚜虫、红蜘蛛等害虫的防治，生长中后期，如植株生长过旺，要适时化控，确保花生不旺长徒长。

四、适宜地区与条件

适宜于黄淮海、东北、西南等全国花生主产区，尤其山东、河南等花生产量水平较高的省份。

五、实施事例与效果

对棕壤上种植的春花生施用有机生态活性肥，植株主茎高、侧枝长、分枝数均显著高于常规施肥，同时花生双仁果数、百果重和百仁重显著增加。

六、特殊注意事项

为保证花生产量，该技术应用前期有机生态活性肥应与普通化学肥料配合施用。

花生微生物肥料高效施用技术

一、技术背景意义

大量化学肥料的施用导致花生田土壤有机质含量下降，土壤板结和酸化，土壤中有益微生物数量减少。微生物肥料是一种新型肥料，可以有效改土和增产增效。施用固氮微生物肥，可以促进根瘤菌固氮，增加根瘤菌固氮对花生氮素营养的供应；施用解磷和解钾微生物肥，可以将土壤中难溶的磷和钾释放出来供给花生吸收利用；微生物肥中的有益微生物可以在花生根部大量繁殖，抑制和减少病原微生物的繁殖，减少花生土壤病害；有益微生物在繁殖过程中能够产生植物生长素，促进植株健壮生长发育和对营养元素的吸收利用，进而提高花生产量和品质。

二、关键问题与难点

微生物肥料是一种活菌剂肥料，保存条件及保存时间对有效活菌数量存在较大影响，有许多的微生物肥料在研发和试验时效果显著，但在推广应用时效果不理想，施用时应保证微生物肥中活菌数量。微生物肥料的施用量要精确，微生物肥料施量较少达不到效果，微生物肥料替代普通化肥过多则影响花生营养的正常供应。

三、技术目标与要点

1. 技术目标

通过施用微生物肥料，提高土壤微生物活性，促进土壤养分活化，增加花生养分吸收利用效率。

2. 技术要点

（1）根据土壤肥力高低及逆境胁迫种类及程度选用适宜的微生物肥，在此基础上，根据产量水平确定肥料的适宜用量。

中高产田：亩产 300kg 左右的花生田块，每亩施根瘤菌微生物有机肥（有效活性菌数≥3 亿个/g）30～40kg、商品有机肥 100～150kg、三元复合肥 18～20kg、缓释尿素 7～8kg、硫酸钾 6～7kg；亩产 300kg 以上的田块，产量每增加 100kg，肥料用量增加 20%～30%。

连作田：亩产 300kg 左右的花生，每亩施用连作花生专用微生物肥（有效活性菌数≥3 亿个/g）30～40kg、有机无机专用复合肥 50～60kg；亩产 300kg 以上的田块，产量每增加 100kg，肥料用量增加 20%～30%。

贫钙、富镉、旱薄土壤：在常规施肥基础上，每亩加施微生物肥料 5～10kg，酸性土壤每亩加施硅钙肥 20～30kg，碱性土壤每亩施石膏 30～40kg。

酸化土壤：在常规施肥基础上，每亩加施微生物肥料 5～10kg、硅钙肥 20～30kg。

（2）微生物肥以基肥施用效果最好，拌种次之，追肥效果最差。微生物肥料用量较少时，可以与细土混合均匀，结合播种前的整地，随撒随耕，使微生物肥料中的活菌剂广泛与土壤接触，发挥肥效。也可以用作种肥，播种时撒入播种沟内，及时覆土，使其能分布在 10cm 的结实土层内。

（3）根瘤菌微生物肥料适用于高中低产任何田块，解磷和解钾微生物肥料适宜施用在高产田块，而且不宜与农药等直接混合施用。

四、适宜地区与条件

适宜于高产及中低产等各类肥力水平的花生田。

五、实施事例与效果

在花生连作田，与常规施肥相比，亩增施 30kg 连作花生专用微生物肥，土壤有机质含量约增加 1 个百分点，根瘤菌固氮量增加 9.7%，根腐病、青枯病和叶斑病病情指数降低 21%~66%，产量提高 11.3%。

六、特殊注意事项

注意微生物肥料中菌剂的活性及数量，菌剂失活或者数量较低，均达不到改土增效的效果。根据花生田类型选择适宜的微生物肥料，如解磷、解钾微生物肥适用于高产田，根瘤菌微生物肥适用于所有类型花生田等。

花生根瘤菌固氮高效栽培技术

一、技术背景意义

花生属于豆科作物，可与慢生根瘤菌属 *Bradyrhizobium* sp.（*Arachis hypogaea*）形成共生固氮体系，可直接利用大气中的氮气作为氮源。每亩花生田根瘤菌固氮量可达 5.33kg，花生根瘤菌固氮效率高，氮素营养供应量大，可有效降低化学氮肥施用量。提高花生根瘤菌固氮效率和供氮能力，降低花生生产中氮肥施用量，是解决花生生产中氮肥供应的有效途径之一，对减肥增效、改良土壤和保护生态环境具有重要意义。

二、关键问题与难点

花生的氮素营养来源有 3 个：根瘤菌固氮、肥料氮和土壤氮。3 种氮源之间相辅相成又相互制约，根瘤菌固氮效率与土壤中氮水平及氮肥的运筹密切相关。此外，不同基因型花生根瘤菌固氮效率也存在显著遗传变异性，遗传变异系数达 50% 以上。

三、技术目标与要点

1. 技术目标

发挥花生根瘤固氮作用，减少氮肥施用量，提高氮肥利用效率。

2. 技术要点

（1）选择根瘤菌高效固氮品种。充分挖掘花生基因型潜力，通过选择花生根瘤菌固氮效率较高的花生品种来获得花生产量的提高是一条生态、经济有效的途径。如根瘤菌高效固氮品种有豫花

9326、丰花 1 号、潍花 8 号和日本千叶半蔓，其中豫花 9326 花生一生根瘤菌固氮量可达每亩 10kg。

（2）接种优良根瘤菌剂。为提高根瘤菌侵染结瘤固氮效率，可以接种根瘤菌剂。根瘤菌具有专一性、感染性和有效性。接种根瘤菌剂时，务必考虑花生与根瘤菌菌株的匹配性和有效性。已经选育和筛选出的优良慢生型花生根瘤菌株有 Nc92、HN12、147-3 等，快生型花生根瘤菌株有 85-7 和 85-19 等。

（3）施用缓/控释氮肥。不同生育时期，根瘤菌固氮效率及供氮表现为结荚期>花针期>饱果期>苗期。前期氮肥供应量大，土壤中氮浓度过高，不仅容易抑制根瘤菌侵染结瘤固氮，还会引起肥料的挥发和流失等。施用缓/控释氮肥既可以满足不同生育期花生对氮的需求，又可以避免生育前期因氮浓度过高对根瘤固氮带来的不利影响，实现花生对氮素营养的"供需同步"。

（4）增施有机肥、补施微肥。增施有机肥可以有效提高土壤中根瘤菌数量，当季每亩可施商品有机肥 150kg 左右。钼和铁是根瘤菌固氮酶、类菌体中豆血红蛋白和铁氧还蛋白等物质的重要组成成分，施用适量的钼和铁等微量元素，可以有效提高根瘤菌固氮效率。如花针期叶面喷施浓度为 0.1%~0.2% 的钼酸铵、0.2% 的硫酸亚铁等。

四、适宜地区与条件

适宜于中性和微酸性的花生田，对于酸性土壤应施用生石灰等对土壤进行改良。

五、实施事例与效果

沙壤土上试验结果表明，根瘤菌剂拌种+每亩施 150kg 有机肥+每亩施 4kg 控释氮（控释氮释放期为 90d）处理较对照处理（不拌种、不施有机肥、施常规氮肥）的单株根瘤数、根瘤鲜重、根瘤菌固氮量分别增加 80.1%，83.4%、45.6%，较对照增产 22.9%。

六、特殊注意事项

严格控制氮肥供应量，土壤中氮浓度过高，会严重抑制根瘤菌的侵染，根瘤的生长发育及根瘤菌固氮效率。

花生品种节肥栽培技术

一、技术背景意义

盲目过量施用化肥不仅增加投入，提高成本，甚至达不到增产效果，降低化肥吸收利用率，降低耕地质量和破坏生态环境。不同花生品种对肥料的吸收利用存在较大差异。肥料高效型可以将吸收的营养元素更多地转运到花生荚果中形成产量，单位产量所需要的营养元素相对较少，因此在生产中选用高产且肥料高效型花生品种，可以同步实现花生高产与节肥。

二、关键问题与难点

生产中花生品种繁多，不同花生品种对肥料的吸收利用存在较大差异。花生对肥料的吸收利用与土壤养分状况密切相关。花生品种节肥需综合考虑品种特性和土壤地力水平等因素。

三、技术目标与要点

1. 技术目标

根据花生品种特点，利用养分高效利用品种，提高肥料利用效率。

2. 技术要点

（1）选择营养高效品种。根据节肥要求，选择高产高效型花生品种。氮肥高效型花生品种有花育 22 号、鲁花 14 号、潍花 8 号及鲁花 11 号等；磷肥高效型花生品种有鲁花 11 号、花育 39 号和冀花 5 号等；钾肥高效型花生品种有鲁花 11 号、冀花 5 号、冀花 6 号等。

（2）确定适宜目标产量。根据所选用的营养高效花生品种近三年花生平均产量（正常气候条件）增加10%～15%来确定目标产量，目标产量也可以是花生历史最高产量。

（3）综合土壤养分状况和花生需肥特性，确定适宜施肥量。在北方土壤磷元素偏低、南方土壤钾元素偏低，花生对氮、磷、钾的需求比例约是5∶（1.0～1.5）∶（2～3）。生产中单纯施用三元复合肥会养分供应不均衡，明显影响肥料的吸收利用。根据花生生产经验及试验，有机无机肥配施或施用有机无机专用复合肥，可有效节肥和增产。在目标产量每亩300kg左右，每亩可施用花生有机无机专用复合肥50～60kg；或施商品有机肥100～150kg、三元复合肥18～20kg、缓释尿素7～8kg、硫酸钾6～7kg；或也可施用含量相当的其他种类的复合肥、专用肥；目标产量每亩300kg以上，产量每增加100kg，肥料用量增加20%～30%。在条件许可的情况下，也可采用沟施、穴施等集中施肥的办法，施肥离根部近，能充分发挥肥效，实现节肥。

四、适宜地区与条件

适用于高、中、低地力水平花生田的春花生和夏直播花生，不适于麦套花生。

五、实施事例与效果

试验选用营养高效型花生品种花育22号和鲁花11号为试验材料，在莱西市望城镇开展，花生田为沙壤土，肥力中等。试验结果表明，两个花生品种施肥量较对照品种降低20%～25%，肥料利用率提高11%～16%，产量提高7%～12%。

六、特殊注意事项

根据节肥需求选择相应的营养高效且高产的花生品种；根据土壤养分状况和品种产量潜力，确定适宜的目标产量；确定适宜的施肥量。

花生肽高效施用技术

一、技术背景意义

高盐和干旱等非生物胁迫会造成花生产量大幅度降低，花生抗逆肽外施是目前缓解花生非生物胁迫危害的经济高效的新技术。不同抗逆肽表达模式各异，功能发挥时期不同，增效差异大，分时期分阶段合理搭配外施可以提高不同生育期花生抗逆性。因此，发展花生抗逆肽高效外施技术，有效提高抗逆肽功能潜力，不仅可以降低生产成本，还可以有效提高花生各生育期抗逆能力，缓解非生物胁迫对花生不同生育期生长发育及产量的危害，实现恶劣环境中花生高萌发、齐开花、多荚果、高饱果率，实现干旱半干旱地区和盐碱地区的花生产量、品质与效率提升效果。

二、关键问题与难点

花生抗逆肽合成成本偏高、技术相对落后，不同生长时期不同抗逆肽精整高效施加操作烦琐困难、人力成本较高。

三、技术目标与要点

1. 技术目标

发展花生抗逆肽高效外施技术，有效提高花生全生育期抗逆能力，有益于解决制约花生生长和增产的不良环境问题，达到干旱半干旱地区和盐碱地区增产增效、提高品质的目标。

2. 技术要点

（1）适宜抗逆肽的筛选。根据花生的生长环境，检测花生抗旱耐盐及障碍性环境条件能力，绘制浓度与抗逆性曲线图，筛选抗逆效果最好的抗逆肽浓度。

（2）分施花生抗逆肽。将萌发期发挥作用的抗逆肽添加到种子包衣剂中，其他生育期发挥作用的抗逆肽，选择合适浓度分别精准喷施到幼苗期、开花期或荚果期花生植株上。

四、适宜地区与条件

技术适用范围广、应用前景广阔，适宜于干旱、半干旱花生产区以及盐碱地等土壤环境障碍的花生种植地区。

五、实施事例与效果

在山东省花生研究所开展花生抗逆肽室内实验，转基因花生毛状根 35S：*AhCEP*1 在高盐胁迫条件下的生物量比对照提高 31.9%。

六、特殊注意事项

制备的花生抗逆肽需要配置合适浓度，用喷壶精准喷施到花生植株上或是添加到包衣剂中。合理搭配不同种类抗逆肽，既可以减少用量，又可以全生育期提高品质。

花生叶面肥高效施用技术

一、技术背景意义

目前花生生产中一般采用播种前一次性基施的施肥方式，养分供应与花生需肥规律不协调，肥料投入量大、利用率低。而且前期供肥能力强导致植株中期易徒长倒伏、后期早衰果秕。叶面肥是土壤施肥的重要补充，具有用量少、见效快、利用率高、针对性强、易于控制浓度、环境污染少等优点，是减缓花生脱肥、促进生长、维持营养和提高产量的重要手段。

二、关键问题与难点

叶片背部吸收能力好于正面，但常规喷雾装置难以有效开展背部喷肥，从而使喷肥效果降低。

三、技术目标与要点

1. 技术目标

集成花生叶面肥高效施用技术，在增产 8%～12%的基础上，节肥 10%～15%，经济效益增加 10%～15%。

2. 技术要点

根据土壤肥力水平确定叶面肥喷施次数，花生不同时期喷施药剂技术要点如下。

（1）盛花期（6月下旬—7月初）。中低产田喷施浓度 1.5%～2%尿素、0.15%～0.2%磷酸二氢钾；中高产田喷施 1.0%～1.5%尿素和 0.1%～0.15%磷酸二氢钾。不同田块均每亩施用苯甲·丙环唑 15～20mL。如有虫害，需加施吡虫啉、辛硫磷等杀虫剂。

（2）结荚中期（7月下旬—8月初）。中低产田喷施浓度1.5%~2%尿素、0.15%~0.2%磷酸二氢钾，0.1%~0.2%微量元素（含硼砂、钼酸铵、硫酸亚铁等），70%代森锰锌可湿性粉剂400~600倍液；中高产田每亩喷施烯唑醇40~50g。不同田块如有虫害，需加施吡虫啉、辛硫磷等杀虫剂。如有徒长趋势，加施壮饱胺（每亩20~30g）等生长抑制剂。

（3）饱果前期（8月中旬）。中低产田喷施浓度1.5%~2%尿素、0.15%~0.2%磷酸二氢钾；中高产田喷施1.0%~1.5%尿素和0.1%~0.15%磷酸二氢钾。不同田块均每亩喷施60%吡唑醚菌酯·代森联水分散粒剂60~100g。

四、适宜地区与条件

技术适用范围广、应用前景广阔，适宜于黄淮海、东北、华南、西南、西北等全国花生主要产区。

五、实施事例与效果

常年产量水平在300kg以下的中低产田，分别在盛花期、结荚中期和饱果前期进行叶面追肥；产量水平在300kg以上的中高产田，在盛花期和饱果前期追肥，花生产量显著增加。

六、特殊注意事项

叶面肥配制时可适当添加适宜的酸碱物质使其达到合理的酸碱度范围（pH值为7左右），也可添加吐温-20等助剂。叶面肥喷施应在下午4:00以后进行，确保肥料在植株叶片停留足够长的时间。如果喷施后3~4h遇雨，应在第2天补喷。

花生优质高效生产关键技术

花生控释肥高效施用技术

一、技术背景意义

花生栽培上的施肥特点不同于其他作物。由于在花生生产中大量应用地膜覆盖技术，以及花生地下结果的特性，故花生生长后期难以进行追肥，生产中通常将肥料做基肥一次施入。但该施肥方式易造成前期生长过旺，表现为疯长，甚至倒伏，后期容易产生脱肥现象而严重减产。控释肥是一种根据作物不同生长阶段对营养需求而释放养分的新型肥料，具有肥料利用率高、增产效果明显、减少污染、省时省力等优点。

二、关键问题与难点

选择花生适用的控释肥，使养分的释放与花生的生长达到同步，保证控释肥养分的释放规律与花生的生长规律相符合，以保证花生生长关键时期的养分供应。另外，由于花生需磷钾量较大，可选用磷钾含量高的控释肥。

三、技术目标与要点

1. 技术目标

对花生种植户调查发现，当前花生生产中化肥施肥量均在每亩50kg以上，本技术每亩施用花生专用控释肥 30~40kg，产量增加10%左右；同时一次性施肥，减轻花生生产的劳动强度，降低劳动成本。

2. 技术要点

（1）控释肥选择与施用。选择适于花生的磷钾含量较高的花生专用控释肥。每亩均匀撒施 40kg 花生专用控释肥，然后进行翻耕起垄。控施肥要和无机肥配合使用，无机肥占 1/3，控施肥占 2/3。

（2）花生种植管理。选用增产潜力大、抗性好，如花育 36 号、花育 50 号、丰花 1 号等品种。精选籽粒饱满、活力强，大小均一，且发芽率超过 95% 的种子，确保种子纯度和质量。播种前选择合适药剂进行拌种，防治病虫害。单粒种植密度大花生保证在 1.4 万株/亩左右，小花生保证在 1.5 万株/亩，双粒穴播密度保持在 0.8 万~1.0 万穴/亩。花生生长过程中要注意蚜虫、红蜘蛛、蓟马、蛴螬等害虫的防治。

四、适宜地区与条件

此技术适用范围广、应用前景广阔，适宜于黄淮海、东北、华南、西南、西北等全国花生主要产区。

五、实施事例与效果

2013 年在鲁东春花生田开展花生控释肥施用效果研究，结果表明施用控释肥较施用普通化肥最高可增产 20% 左右。

六、特殊注意事项

根据当地的土壤养分含量选择适合当地的花生专用控释肥。

花生肥水一体化栽培技术

一、技术背景意义

水肥一体化技术是集节水灌溉和高效施肥为一体的农业管理技术，可实现水和肥同步供应，作物在吸收水分的同时吸收养分，达到水肥耦合的效应。在不同灌溉方法，如漫灌、沟灌、畦灌及微灌等中均可应用水肥一体化，达到节水、节肥和增收增效的作用。水肥一体化技术亦可减少肥料用量、提高肥料利用率，达到良好的经济和生态效益。

二、关键问题与难点

水肥一体化灌溉设施薄弱，水溶肥成本较高及肥料与灌溉系统的配套性等是目前花生水肥一体化推广中存在的关键问题。

三、技术目标与要点

1. 技术目标

主要是将灌溉用水从水源提取，经适当加压、进化、过滤等处理后，由输水管道送入田间灌溉设备，最后由田间灌溉设备中的灌水器对作物实施灌溉。一套完整的水肥一体化系统通常包括水源工程、首部枢纽、田间灌溉系统和灌水器等4部分。

2. 技术要点

（1）目前生产上的施肥设备主要包括旁通施肥罐、文丘里施肥器、重力自压施肥法、泵吸肥法、泵注肥法、注射泵等。

（2）适合水肥一体化技术的肥料应满足如下要求：肥料中养分浓度较高；在田间温度条件下完全或绝大部分溶于水；含杂质

少，不会堵塞过滤器和滴头。

（3）根据地力水平、气候条件和产量水平，在花生不同生育期进行合理的灌水施肥处理。若播种时墒情较差，需及时滴水，使 0~20 cm 土层土壤含水量达到饱和状态停止灌水。根据花生生育需肥规律，精准滴施养分配比合理的水溶肥或液体肥，确保养分平衡供应。可分 3 个生育时期滴灌施肥，苗期滴灌施入 30%~40% 肥料，花针期滴施 30%~50%，结荚期滴施 10%~20%。也可分两次滴施，花针期滴施 60%~70%。

四、适宜地区与条件

适宜于春花生及夏花生生产，具有水源良好，排灌方便的地块。

五、实施事例与效果

在莱西地区，花生生育后期进行水肥一体化补水肥处理，结果表明与常规生产操作相比，水肥一体化处理增加结荚期和饱果期叶片的叶绿素含量、蒸腾速率和净光合速率，提高花生产量。

六、特殊注意事项

在进行水肥一体化之前，首先应了解灌溉水中的化学成分及水的 pH 值和可溶性离子浓度（EC 值），根据酸碱性和离子特性选择相应的肥料种类，以免改变水的 pH 值和堵塞滴头。施肥结束后要继续滴灌清水，将管道内残留的肥液全部排出。

花生膜下滴灌高效栽培技术

一、技术背景意义

膜下滴灌是覆膜栽培和滴灌相结合的节水灌溉技术，它能根据花生等作物的根系分布进行局部灌溉，并有效地保持土壤团粒结构，防止水分深层渗漏和地表流失，同时又具有保温、保墒及减少地表蒸发、提高水分利用效率的作用。研究认为花生属于抗旱性作物，在生长过程依靠自然降水不需要进行补充灌溉，但近年来花生生长季阶段性干旱连续发生，严重影响花生的生长。因此，挖掘和探索花生膜下滴灌高效栽培技术增产潜力，进一步提高花生高产，对确保国家花生生产安全和油料供给具有非常重要的作用。

二、关键问题与难点

膜下滴灌灌水时期和追肥量对花生生长发育及产量影响较大，确定合适的灌水时期和追肥量是膜下滴灌高产栽培技术需解决的关键问题。

三、技术目标与要点

1. 技术目标

节省水资源，提高水分利用效率，促进花生生长发育及田间土壤肥力提升。

2. 技术要点

（1）播种铺管覆膜。采用 2BFD-2 花生覆膜铺管播种机进行播种铺管覆膜一体化操作，降低劳动力成本的投入。

（2）干播湿出。在长期无雨条件下，可采取干播湿出技术。

在播种覆膜后将滴灌控制装置、预铺设的滴灌管道与水源连接进行灌溉，控制灌水量为每亩 5~10m³，使 0~20cm 土层土壤含水量达饱和状态。

（3）苗期控水。花生苗期进行适度干旱，使土壤含水量保持田间持水量的 50% 左右。此状态下中午花生叶片出现萎蔫，但到傍晚气温下降又可恢复平展。

（4）生育中后期补水肥。花针期和结荚期，如果天气持续干旱，花生叶片中午前后出现萎蔫时，应通过滴灌进行补充灌溉，每次控制灌水量为每亩 10~15m³，使 0~20cm 土层土壤含水量达到饱和状态停止灌水。结荚后如果雨水较多，应及时排水防涝。饱果期（收获前 1 个月左右）遇旱应小水润浇，控制灌水量为每亩 6~10m³。当花生植株出现早衰现象时，花针期每亩可随滴灌水施入尿素 3~4.5kg、磷酸氢二钾 4~6kg、硝酸钙 5~8kg。也可喷施适量的含有氮、磷、钾和微量元素的其他肥料。

四、适宜地区与条件

适宜于干旱、旱薄丘陵地以及花生高产田。

五、实施事例与效果

在莱西地区种植表明，与雨养条件相比，膜下滴灌高效栽培技术增加花生百果重、百仁重及出仁率，提高花生产量，增加幅度在 10% 以上。

六、特殊注意事项

干管布设方向与花生种植行向垂直，滴灌带铺设走向与花生种植行向同向，将干管与滴灌带布置成"丰"字形或梳子形。

花生减肥增效栽培技术

一、技术背景意义

目前花生施肥过于重视增产效果明显的氮、磷、钾肥，且氮、磷、钾养分的不平衡供应和化学氮肥的过量施用，造成化学氮肥利用率低（仅 30% 左右），磷、钾肥利用率分别为 10%～15% 和40%～60%。适量减施化学肥料、研制高效新型肥料、提高肥料利用效率、大力发展轮作倒茬，对促进花生生产健康可持续发展、增加农民收入、加快农业供给侧改革都具有重要意义。

二、关键问题与难点

不同花生品种对养分吸收利用的差异导致不同花生品种对肥料的需求不同，而过量施肥不仅可能造成花生产量品质的下降，还会导致生态环境污染加剧。合理的化学肥料减施措施是促进花生产量品质提高的关键因素。

三、技术目标与要点

1. 技术目标
降低肥料投入量，显著增加肥料利用效率。
2. 技术要点
（1）种植养分高效高产花生品种。合理利用抗、耐病花生品种，兼顾养分高效高产品种，实行多个品种搭配种植与轮换种植。

（2）根瘤菌剂施用减氮肥。包衣阴干后进行根瘤菌剂拌种，拌种后将种子保存在室内阴凉处，忌高温和冷冻。

（3）全程可控水肥管理。增施有机肥，根据地力状况进行花生基肥减施，高肥力地块氮肥减施 25%~30%，低肥力地块氮肥减施 20%~25%。在深耕的基础上平衡施肥（钙镁硫肥），花生生育后期可进行叶面喷施肥料防早衰。

（4）病虫草害科学防控。出现病虫害时及时喷施符合要求的农药，同时可采用物理防控方式诱杀棉铃虫、蛴螬、蚜虫等害虫以减少农药的使用；采用深耕、覆盖除草、覆膜除草等绿色防控方法进行杂草的防除。

四、适宜地区与条件

除土壤瘠薄、肥力较差地区外，其他地区均适宜。

五、实施事例与效果

旱地花生减施氮肥处理下增施有机肥和钙肥有利于增加花生主茎高、侧枝长、提高花生单株饱果数和产量。与常规施肥处理相比，减量施肥处理下产量增加幅度平均超过 5%。

六、特殊注意事项

花生生长中后期，花生主茎高度达到 30cm 左右时，应及时喷施符合要求的生长调节剂。施药后 10~15d，如果主茎高度超过 40cm 可再喷施 1 次，提倡多次减量化控。

第 四 章

花生田土壤改良关键技术

花生耕作改土栽培技术

一、技术背景意义

花生70%的根分布在0~30cm土层中。耕作方式从传统犁耕向机械旋耕转变，使耕作效率提高，耕作深度也从20cm左右变成15cm左右。多年的旋耕导致土壤紧实、硬度增加、犁底层增厚并上移，土壤有效孔隙度降低，土壤透性差，持水保肥能力下降。科学运用深翻、深松等耕作措施，能均衡耕层土壤养分含量，抑制养分表层富集现象；施用有机肥和土壤改良剂，能增强土壤的持水保肥能力，为花生生长发育创造良好的土壤环境条件，促进花生增产增效。

二、关键问题与难点

深翻、深松的深度应均匀一致，避免忽深忽浅；一边深，一边浅；一头深，一头浅。配施有机肥或土壤改良剂，消减花生连作障碍。

三、技术目标与要点

1. 技术目标

通过耕作措施提高土壤肥力及养分供给能力，促进花生生长发育及产量形成。

2. 技术要点

（1）深翻。使用犁等工具，耕作深度在30cm以上，打破犁底层，能均衡耕层土壤养分，降低土壤容重，蓄水保墒。采用翻转犁进行深翻，利用主犁前配置的小复犁切割田间秸秆残差，并将秸秆残差翻入主犁作业后的 30cm 以上的深沟中。第一次土壤深翻的厚度应在 30cm 左右，不可深翻厚度超过 35cm，过多的下层生土翻入地表，会影响花生的正常生长发育，可逐次增加深翻的厚度。深翻过的土壤需用旋耕机多旋 1~2 次，才能使土壤细碎、平整，提高播种质量，实现花生一播全苗。

（2）深松。使用深松机，保持田地耕层土壤不打乱的情况下，松动土壤，打破犁底层，降低土壤容重，蓄水保墒，深度不小于 30cm。深松时，要考虑消减田间秸秆残差对花生播种质量的影响。

（3）施用有机肥料。一般亩施农家肥 1 000~2 000kg，酸性土壤每亩施用碳酸钙或草木灰 100~200kg，碱性土壤每亩施用硫酸钙或磷石膏 40~50kg。深翻或深松，可 2~3 年进行 1 次。

四、适宜地区与条件

耕层土壤的厚度低于 15cm 的花生田，或花生连作 5 年以上的花生田，或土壤黏重、容重大于 1.5g/cm³，对花生正常生长发育有影响的花生田等。

五、实施事例与效果

深松能增加土壤的含水量，耕层深度为 15cm、25cm 的含水量分别增加 3.3 个、2.0 个百分点，花生每亩产量增加 35.5kg，增产 16.4%。

六、特殊注意事项

适耕期短的土壤，及时耕作效果好。如砂姜黑土，质地黏重，耕性特点是早晨湿、中午硬，到了下午犁不动。砂姜黑土适耕期在中午前后，在适耕期内耕作，土壤阻力小，易破碎，改土效果好。

花生抗紧实疏松剂施用技术

一、技术背景意义

目前，农田发展中化肥农药的施用量与日俱增，这不仅污染环境，导致水土流失等一系列问题，还会造成土质恶化、土壤板结等问题，这些严重制约了发展优质、高产、高效农业。花生适宜种植在土质松软、保水性好、有机质丰富的土壤中，花生抗紧实疏松剂的施用可以改变土壤理化性质、增加田间持水量和有机质的含量，从而促进花生膨大生长，在有限的土地资源上提高花生产量和质量，增加经济效益，改善生态环境，推动农业的可持续发展。

二、关键问题与难点

根据不同的土质、土壤状况确定用量、施用方法和施用时间，因地制宜，有针对性地进行改良。

三、技术目标与要点

1. 技术目标

主要改善土壤的团粒结构，使土质变得疏松，肥水渗透力强，提高土壤保蓄养分的能力，减轻盐渍化，增强微生物活力，提高肥料利用率，增强地力，提高花生的产量和品质。

2. 技术要点

（1）施用量。潮土、黑土、沙壤土中免耕、少耕的地块：每亩施用抗紧实疏松剂 200g，兑水 100kg，每年春夏秋 3 个季节选 1~2 次喷施地表。黄壤、红壤、棕壤等黏性大、板结重、耕层浅的地块：每亩施用抗紧实疏松剂 300~400g，兑水 100kg，每年春夏秋 3 个季节喷施地表 2~3 次。根据土壤板结的情况，在正常使用次数的基础上，逐步增加用量，效果更佳。按以上标准施用一年以上，次年减少为每年施用 1 次，以后逐年减少用量和次数，直至不再施用，实现免耕。

（2）喷施方法。土壤充分湿润但不积水时用喷雾器或喷洒机将溶液喷于地表。

四、适宜地区与条件

适用范围广，前景广阔，适宜于黄淮海、东北、华南、西南、西北等全国花生主要产区，主要针对各地区中长期免耕、少耕造成土壤板结等一系列问题，从而影响花生的产量的地块。

五、实施事例与效果

酸性棕壤花生田施用土壤疏松剂，土壤物理结构改善，表层土壤容重显著下降。

六、特殊注意事项

只有在一定的水分条件下，才能激活抗紧实疏松剂的活性，所以喷施后，要保持土壤湿润，促使其充分发挥作用。

花生免耕覆盖高效栽培技术

一、技术背景意义

小麦收获后农民大都将秸秆直接在地里焚烧，不仅污染环境还浪费资源。花生免耕覆盖高效栽培技术能有效解决麦秸焚烧污染环境的问题，还解决麦田套种花生费工、费力、费时等问题，并且能够培肥地力、增加土壤通透性，从而促进夏花生的高产高效生产，推进农业可持续发展。

二、关键问题与难点

控制好小麦的收获时间、花生的播种时间，并且控制小麦收获后残茬、留茬的高度。

三、技术目标与要点

1. 技术目标
该技术主要是为了减少环境污染，达到节本增效的目的。

2. 技术要点
（1）地块选择与施肥。宜选择土层深厚、地势平坦、排灌方便的中等肥力以上地块种植花生，产地环境符合 NY/T 855 的要求。播种前结合耕翻整地，一次性施足基肥，尽量满足全生育期的需要，后期根据需要进行追肥。

（2）免耕覆盖播种。播种前进行带壳晒种，勤翻动，以提高种子活力和消灭部分病菌。剥壳后剔除霉变、出芽、破损、秕瘦籽粒，选用一、二级种子进行分级播种。小麦收获后及时播种，不宜间隔时间过长。从小麦收获到花生播种不翻动、不深松土壤的条件下，播种机械要一次性完成灭茬覆秸、精量播种、测深施肥、开沟、覆土、镇压等多种工序。

（3）田间管理。花生生长发育期间注意防控田间杂草及病虫害的发生。根据不同生长阶段需水量的不同及时浇水，生长中后期一般雨水较多，要及时排出积水。

四、适宜地区与条件

该技术适宜于套种与夏直播花生，尤其是河南省中部和山东省西南部等地。

五、实施事例与效果

2015—2017年在河南省杞县开展花生免耕覆盖试验，花生种植生产中明显减少了人工，提高了种植效率，3个不同面积的地块也表现出花生增产的趋势。

六、特殊注意事项

小麦秸秆还田以后容易滋生害虫，应及时对地块进行杀虫消毒处理。免耕会造成地温较低，易发生烂种现象，以及出现花生出苗不整齐或幼苗较弱现象。

花生秸秆还田高效栽培技术

一、技术背景意义

秸秆通常是指农作物收获籽实后的剩余部分，含有有机碳和氮、磷、钾、钙等矿质营养元素。我国是一个农业大国，耕地面积超18亿亩，按每亩产生0.4t秸秆计算，每年可产生$7.2×10^8$t。还田是农作物秸秆利用的一种方式。秸秆科学还田，能增加土壤有机质或提升土壤肥力水平，实现下茬作物增产、增收，促进农业的可持续发展，对农村生态环境的改善具有重要的意义。

二、关键问题与难点

花生是地上开花，花成果针，果针入土后形成荚果的作物。秸秆直接还田时，应避免秸秆影响花生果针入土。

三、技术目标与要点

1. 技术目标

秸秆还田分为直接还田和间接还田。直接还田又可分为整地翻压、旋耕混层和地表覆盖等还田方式。间接还田包括过"腹"、过"菌"、过"坑"、过"炉"等还田方式。其中，整地翻压、旋耕混层为秸秆全量还田，地表覆盖可全量和减量还田；过"腹"、过"菌"形成的商品有机肥还田量为每亩50~100kg，过"坑"形成的农家肥还田量为每亩 1 000~2 000kg，过"炉"形成生物炭和秸秆灰分还田量为每亩50~100kg。

2. 技术要点

（1）一年一熟地区，在作物收获时，秸秆被及时粉碎，均匀地覆盖在地表，经过冬季的低温，能杀死大部分秸秆上附带的病原菌，经过 3 个月自然分解，次年春天，结合整地，翻入犁底层或混入耕层。

（2）一年两熟及以上地区，在前茬作物收获后，使用灭茬机将地面上作物秸秆和残茬切碎，深翻 30cm，翻入犁底层；或免耕播种花生，把秸秆移到播种花生的区域两边，进行秸秆覆盖；或起垄种植时，在垄沟覆盖。

四、适宜地区与条件

秸秆直接还田比较适用于一年一熟地区，优先考虑秸秆地表覆盖—整地翻压全量还田。秸秆间接还田比较适用一年两熟及以上地区，可优先考虑过"腹"、过"菌"、过"坑"还田。有条件的地区，可考虑秸秆过"炉"，以生物炭或秸秆灰分的方式还田。

五、实施事例与效果

一年一熟的风沙半干旱区，春季将秸秆翻入土中，花生每亩增产 62.7kg，增产率为 25.1%。一年两熟及以上地区的豫南砂姜黑土上，花生垄沟覆盖秸秆时，产量仅降低 3.9%，小麦秸秆覆盖量为每亩 300kg 时，花生能获得较高的荚果产量，亩产为 298.7kg。起垄种植+垄沟覆盖秸秆方式是既能够充分利用小麦秸秆资源，又保证花生丰产的合理栽培方式。

六、特殊注意事项

一年两熟及以上地区的高产田块，由于秸秆量大，直接还田时，可考虑秸秆减量还田，同时配施秸秆腐熟剂。

花生抗旱优质栽培技术

一、技术背景意义

花生是重要的油料作物之一。地域降水量偏少、降水集中或季节性干旱是限制花生产量与质量提高的主要因子。据统计，全国约70%的花生种植在缺少灌溉条件的中低产田，因干旱引起的花生减产率平均在20%以上，干旱已成为限制花生生产进一步发展必须解决的关键问题。

二、关键问题与难点

水资源紧缺是农业高效发展的限制因素。如何充分利用有限的水资源，挖掘花生品种自身的生物节水潜力，提高水分利用率是亟须解决的难题。

三、技术目标与要点

1. 技术目标
减少水分蒸发，提高花生抗旱能力，促进花生生长发育。

2. 技术要点
（1）进行抗旱性花生品种的筛选，挖掘品种生物节水潜力。抗旱高产型主栽品种为抗旱高产品种：花育25号、花育22号和花育33号等。播种前对种子进行精选，播种前10~15d带壳晒种，7~10d剥壳，剥壳后选择细长饱满中等粒型的种子作为备播种子。

（2）土层不足20~30cm的旱薄地进行大犁深耕，破除犁底层，既能提高土壤的保墒蓄水能力又有利于根系的下扎，提高花生的抗旱能力。增施有机肥，可提高水分利用效率，充分发挥自然降水的增产潜力。

（3）采用地膜覆盖或覆草栽培能减少土壤水分蒸发，提高地温，防止土壤板结，促进根系发育。

（4）花生生育前期进行适度干旱胁迫可增加深层土壤内根系分布，当花生根系吸水强度增大时，深层土壤水分不断向上输送，以弥补上层土壤水分的不足和花生生长发育对水分消耗的需求。促进根系下扎使其吸收利用深层土壤内水分，对降低灌溉水用量、提高水分利用率具有重要作用。

（5）在生长旺盛的花针期和结荚期，如果花生叶片在中午前后出现萎蔫，应及时进行补充灌溉。

四、适宜地区与条件

此技术适宜于干旱、半干旱及丘陵旱薄地。

五、实施事例与效果

2011—2012年在山东省花生研究所试验站进行花针期补充灌溉试验，表明花针期补充灌溉增加花育22号和花育25号产量，与雨养条件相比增加幅度达8.1%以上。

六、特殊注意事项

在地温适宜的条件下，要利用降雨抢墒播种，保证花生出苗质量。

花生抗涝优质高效栽培技术

一、技术背景意义

花生生育后期，如降水量大，土壤含水量过高，易造成土壤氧气缺乏，诱发花生果腐病等病害，不利于花生荚果的生长发育。花生起垄栽培种植时，能通过垄沟及时把田间的降水排出；一般的降水量下，垄上花生荚果层的土壤会含有一定的空气，降水量大时，田间降水及时通过垄沟排出，花生荚果层的土壤会很快就恢复通气状态。因此，花生垄作种植有利于花生的抗涝、抗病、高产。

二、关键问题与难点

花生田要整治平整。起垄时，垄面平整，垄沟要与花生田外的沟、渠相连，且垄沟的地势要高于花生田外的沟、渠，确保花生田间的水能迅速、及时地流到沟渠。

三、技术目标与要点

1. 技术目标
提高田间抗涝能力，降低花生遭受涝灾的损失。
2. 技术要点
（1）精整地块。深耕、细耙，土壤深耕 30cm，打破犁底层，通过耙耢 2 次，使土块细碎、疏松绵软、平整，能降低土壤容重，增大孔隙度，扩大了贮水范围，增强了渗水速度，提高土壤的通透性和保蓄性，增强耐涝能力，以利于花生根系生长。每 2~3 年可深耕一次。
（2）起垄种植。适宜播种的土壤含水量：黏质土壤含水量应在 20% 左右，沙土质土壤应在 17% 左右。花生播种前，检查、调制起垄播种一体化机械工作状态，包括排种器的精度，垄面镇压器的转动情况。垄高、垄宽、排种器的位置等指标可参照垄高 15cm、垄体宽 40cm、垄沟 15cm，一垄双行，花生行距与垄面边距离为 10cm 左右，也可根据当地种植情况进行适当调整。

（3）垄沟的整理与维护。种植结束后，及时疏通垄沟与田外沟渠连接，评估排水的可行性。每次大量降水时，应到田间查看排水情况，把花生田间的水通过垄沟及时排入沟渠。

四、适宜地区与条件

适宜于夏秋季单次降水量大于 80mm 及连续降水超过 100mm 的花生种植区。

五、实施事例与效果

在河南南部典型花生田起垄种植能实现花生抗涝优质栽培。与花生平作相比，垄作能及时消减高强度降水对花生造成的危害，土壤水分含量降低 1.6 个百分点，花生增产 8.5%。

六、特殊注意事项

具有灌溉条件的花生种植区，可采取起垄种植，降低土壤含水量过大对花生荚果生长发育不利的影响。

花生耐盐碱丰产优质高效栽培技术

一、技术背景意义

在盐碱地花生生产中，播种期土壤表层返盐较重，地温偏低，造成盐碱地花生出苗困难且出苗时间长，保全苗难，幼苗长势弱且不均匀，根系生长发育缓慢；花生生育中后期气温高、降水量大、土壤有机质含量低，使花生生长中期易徒长、后期易早衰等。开展花生耐盐碱丰产优质高效栽培技术，可有效解决盐碱地花生丰产高效主要限制因素，实现盐碱逆境下花生高产突破。

二、关键问题与难点

协调盐碱地花生生长发育规律与盐分的时空变化特征，创建不同土壤盐度下花生全生育期避盐耐盐栽培调控技术。

三、技术目标与要点

1. 技术目标
增加花生耐盐碱能力，实现花生逆境条件下丰产高效。

2. 技术要点
（1）整地压盐。春季结合灌水压盐后再进行整地。一般选择在播种前20~30d（3月下旬）灌水压盐，可起到造墒作用。

（2）耐盐碱品种选择。选用优质、抗病、适应性广、耐盐碱的花生品种，如花育25号、花育28号、花育36号、冀花5号等。

（3）种子处理。播前要带壳晒种，晒2~3d。剥壳时间以播种前10~15d为好。选一级、二级大粒作种。播种前，对病虫害重发地块可选择高效低毒的药剂拌种或包衣。拌种或包衣应按照产品使用说明书进行。拌后即播。

（4）适期播种。因盐碱地地温偏低，春播覆膜花生应适期晚播，在 5 月 5—10 日播种为宜。采用覆膜起垄和覆膜平作 2 种方式。覆膜起垄一般垄距 85~90cm、垄顶宽 55~60cm、垄高 10cm，垄顶整平，一垄双行。垄上小行距 25~30cm、穴距 15~16cm，每亩 1.0 万~1.1 万穴，每穴播 2 粒；单粒精播每亩 1.4 万~1.6 万株。覆膜平作按此规格种植，不起垄即可。

四、适宜地区与条件

盐碱地分轻、中、重度 3 类，本技术适用于含盐量≤0.35%的轻中度盐碱地花生生产。

五、实施事例与效果

在山东省东营市开展花生耐盐碱丰产优质高效栽培技术示范，2015 年在不同盐碱程度土壤（0~20cm 表层土壤含盐量分别为 0.23%、0.35%）上，花生亩产分别达 548.6kg、481.7kg。

六、特殊注意事项

播前大水压盐，足墒播种。结荚期每亩叶面喷施 0.2%磷酸二氢钾溶液 50kg，或其他叶面肥，可有效防止花生早衰。盐碱地花生较高产田生育进程快，成熟较早，应适时早收。

盐碱地花生—棉花带状复合种植轮作技术

一、技术背景意义

利用棉花、花生抗旱和耐盐碱的特点，在盐碱地协调发展棉花、花生生产，构建盐碱地花生—棉花带状复合种植优势模式，能充分利用边行优势和间套作提高光热资源利用率双重优势，挖掘个体单株生产潜力，为盐碱区域农业结构调整、农民增收和农业可持续发展提供技术支撑。

二、关键问题与难点

依据盐碱地棉花、花生目标产量和土壤肥力特征，选择适宜带状复合种植品种和田间配置，是本技术的难点。

三、技术目标与要点

1. 技术目标

盐碱地花生—棉花带状复合种植轮作技术是达到适应机械化作业、作物间和谐共生的一季双收种植模式，年际间交替轮作，能够实现棉花、花生均衡增产增效。

2. 技术要点

（1）适宜花生品种。选用株型紧凑的中早熟棉花品种（鲁棉研36、鲁棉研37、K836、山农棉8号等）及耐阴中早熟花生品种（山花9号、花育25号、花育33号、青花7号、花育36号、花育31号等）。

（2）带状复种模式。采用4∶6带状间作，带宽510cm，4行棉花，大小行，小行距50cm，大行距90cm；棉花、花生间距

60cm；6行花生，双粒或单粒播种，大小行，大行与棉花间60cm、与花生间55cm，小行30cm。棉花、花生带宽比约等于1。与棉花净作比，适当缩小棉花株距。

（3）带状复种播种。棉花、花生同期播种。提倡适期晚播，在4月底至5月上旬播种为宜。应用棉花、花生多功能机械化播种覆膜技术，实现起垄、播种、喷除草剂、覆膜一次作业完成。棉花播深2~3cm，花生播深3~5cm，要求播种时镇压或播后镇压，具有减轻散墒和返盐的效果，可达到全苗壮苗。

四、适宜地区与条件

本技术适宜于山东省土壤含盐量4‰以下的轻中度盐碱地棉花、花生生产。

五、实施事例与效果

2014—2017年在黄河三角洲地区多点多年示范，与单作条件比较，花生—棉花行比配置为6：4时，综合产量和效益较高，能够显著提高棉花产量和质量，且对花生产量影响较小。

六、特殊注意事项

技术模式选用要因地制宜，综合考虑两种作物的产量和效益。

花生防土壤酸化优质栽培技术

一、技术背景意义

由于不合理的土壤、肥料管理，包括化肥投入大幅增加、有机肥施量剧减、秸秆焚烧及酸雨频率加大，土壤酸化现象加剧。酸化土壤由于 pH 值较低，不仅含有较多的交换性酸和铝，能够直接伤害花生根系，更重要的是降低了交换性钙的有效性，抑制了花生对钙的吸收，导致籽仁败育、荚果空瘪，甚至绝产，在干旱年份尤为明显。土壤酸化缺钙已成为花生产量进一步提升的重要限制因子。

二、关键问题与难点

酸化土壤往往伴随缺钙，而花生主要通过蒸腾作用吸收土壤中的钙素，因此年降水量、关键生育期降水量和频次与花生荚果发育及产量形成密切相关，这也是造成花生产量不稳定的重要原因，亟待解决。

三、技术目标与要点

1. 技术目标

集成花生防土壤酸化优质栽培技术，增产 10%~15%，经济效益增加 8%~12%。

2. 技术要点

（1）防酸化种植模式。应采用非豆科作物与花生轮作的种植模式，如春花生→冬小麦→夏玉米两年三熟种植模式、冬绿肥（油菜或诸葛菜）→春花生或大蒜→春花生一年两作种植模式，不宜采用花生连作。

（2）防酸化品种选择。应根据地块酸化程度选择适宜的品种，pH 值 5.5 以上的酸化土壤可选择耐酸高产的中大果品种，如花育22；pH 值 5.5 以下的土壤应选择耐酸中小果品种，如花育 32 或山花 10 等。

（3）耕作与施肥。冬前耕地，早春顶凌耙耢；或早春化冻后耕地，随耕随耙耢。注意年份间要深浅轮耕，深耕年份耕深 30~33cm，一般年份 25cm 左右，每 2~3 年进行 1 次深耕。每亩施优质腐熟土杂肥 2 000~3 000kg 或商品生物有机肥 250~300kg、钙镁磷肥 40~50kg、尿素 12~14kg、硫酸钾 20~24kg；土壤酸化较严重的地块可 2~3 年每亩地增施 20~50kg 生石灰；并根据土壤养分丰缺情况，适当增施硫、硼、锌、铁、钼等微量元素肥料。全部有机肥、微肥、2/3 尿素和硫酸钾深耕前撒施，播种前撒施 1/3 的尿素和硫酸钾，浅旋（15~20cm）2~3 遍，然后铺施钙镁磷肥和生石灰，再起垄播种，做到全层施肥。

（4）中后期管理。花针期和结荚期，如果天气持续干旱，花生叶片中午前后出现萎蔫时，应及时适量浇水，促进果针下扎及荚果饱满。饱果期（收获前 1 个月左右）遇涝及时排水，以防烂果。较常规田块，酸化田花生更易发生徒长现象，酸化严重的地块甚至出现花生"青熟"现象，因此株高应"早控、多控"，当主茎高度达到 30~35cm 时，及时叶面喷施 30~35mg/kg 的多效唑水溶液，连喷 3 次，间隔 7d 左右，以控上促下、防倒伏。

四、适宜地区与条件

技术适宜于山东烟台、威海、青岛、日照等酸性棕壤及酸化土壤的花生田。

五、实施事例与效果

在酸化土壤施用石灰，花生种植两年后土壤 pH 值提高 0.5 个单位，花生产量平均提高 12%。

六、特殊注意事项

避免结实层钾钙浓度同时过高引起烂果，因此钙镁磷肥、生石灰和硫酸钾应施用于不同土层。

花生田重金属污染控制栽培技术

一、技术背景意义

由于土壤背景值及农业生产中过于追求产量和效益，花生产区土壤和花生容易遭受重金属污染，花生重金属超标情况时有发生，在一定程度上影响到花生及其制品的出口贸易。花生是地下结实作物，除了根系具有吸收能力外，荚果也能吸收元素。花生对重金属的富集更为明显。探究适宜的花生田重金属污染栽培措施，对于生产安全优质花生，保障食用油安全以及增加出口创汇，具有重要的意义。

二、关键问题与难点

重金属具有隐蔽性、表聚性、不可逆性及生物富集性等特点，单一土壤固定技术在一定程度限制了当季作物对镉的吸收，而存在较大的再次污染风险。同时，大面积作物生产中，超累积作物（如东南景天等）等生长时期长短、对环境条件的要求等因素，往往限制了生物修复效果。

三、技术目标与要点

1. 技术目标

开展花生田重金属污染控制栽培技术，有益于建立最有效的花生重金属防控措施，在满足花生高产优质的同时，实现生态环境健康和可持续发展。

2. 技术要点

（1）加强源头监管。对于未污染的农业用地，应严格控制肥料、农药的施用，避免由于过量施肥或重金属农残过高导致土壤污染。

（2）选用适宜良种。选用低重金属富集特性品种，如白沙1016、鲁花9号、粤油45为低镉富集品种，花育22号为低铜富集品种，丰花3号为低锌富集品种。

（3）钝化土壤重金属。改变土壤酸碱度，石灰、生物质炭、钙镁磷肥等碱性物质的施入可有效提高土壤 pH 值，从而钝化土壤重金属，使重金属形态向稳定性较高的可氧化态（有机结合态）和残渣态转化。

四、适宜地区与条件

广泛适用于重金属（镉、铬、铅等）轻度污染地区，尤其适宜于棕壤、红壤等酸性土壤类型花生田。

五、实施事例与效果

在鲁东酸性棕壤花生田，施用石灰等碱性物质，降低土壤镉有效性，花生增产8%以上，籽仁镉吸收量减少达到显著水平。

六、特殊注意事项

不适宜种植花生的高重金属污染的花生田，及时改变种植及土地利用方式等规避污染。

第五章

花生品种改良与利用关键技术

花生高油品种改良技术

一、技术背景意义

花生是我国主要的油料作物和经济作物，单产、总产、出口均居世界前列。花生油中不饱和脂肪酸含量达80%左右，能够有效降低血液中胆固醇含量，是人们理想的健康食用油。同时花生油气味芳香、营养丰富、发烟点又高，是营养学家公认的一种能预防心脑血管疾病的高级食用油。随着市场经济的发展和人民生活水平的提高，我国对植物油的需求量越来越大。当前国产食用植物油供给严重不足，需要大量进口。据报道，花生籽仁含油率每提高1个百分点，纯利润可提高7%。因此创造花生高油新种质、培育高产高油新品种对提高花生产值、增加农民收益有着重要意义。

二、关键问题与难点

我国育成的高油花生品种中，大部分以品种或品系间杂交为主，地方品种利用较少，造成了育成品种遗传基础狭窄，品种类型单一，综合性状优良的品种较少等问题。花生野生种和地方种具广泛的遗传基础和丰富的变异类型，除了许多高油资源外，还具有高油酸、早熟、抗旱、抗病虫害、适应性广等许多优良性状。在今后的育种过程中应当拓宽育种手段，通过诱变、远缘杂交、基因工程等多种途径创造变异、创新种质。利用多种育种方法相结合，加快花生育种改良进程。

三、技术目标与要点

1. 技术目标

提高花生品种的含油量，增强品种的综合抗病和抗逆性对于实现花生高产稳产、促进优质高效发展具有重要意义。

2. 技术要点

（1）高油花生检测。选择检测速度快、成本低、绿色、无损坏的近红外光谱分析法或核磁共振进行油分检测，获得高油花生材料。

（2）高油花生品种培育。根据检测结果筛选出含油量高的株系或突变种质作为亲本，在后期育种过程中定向选择综合性状优良的花生品种进行杂交或者回交，定向培育高油兼具其他优异性状的新品种。

（3）高油花生种植技术。整地施肥：选择肥力较好、地势平坦的沙壤土地块，播种前结合耕翻整地，施足基肥，以腐熟有机肥为主，增施氮磷钾化肥。精细选种：播种前半个月将种子连续晾晒2~3d，剥壳后进行筛选，剔除病粒、秕粒和霉粒，选择籽粒饱满、种皮鲜亮的籽粒做种，以减少苗期根茎部病害发生，保证一播全苗。适时播种：春播为4月下旬至5月上旬，播种密度1.0万穴/亩；夏播6月10日以前播种，播种密度1.2万穴/亩，每穴播种2粒。田间管理；生育前期以促为主，中期注意控制株高防止倒伏，花针期切忌干旱，生育后期注意养根护叶，成熟时应注意及时收获，保证丰产丰收。

四、适宜地区与条件

此技术适用范围广、应用前景广阔，适宜于黄淮海、东北、华南、西南、西北等全国花生主产区。

五、实施事例与效果

花育 918 是山东省花生研究所以高产、优质为育种目标培育的高油花生新品种。以"豫花 9326"作母本，"特大果"作父本通过品种（系）间杂交，采用改良系谱法选育而成的大花生新品种。具有抗旱性强、抗涝性强、抗倒性强的特点，含油量达到56. 17%。2015 年通过山东省农作物品种审定委员会审定，2016 年通过全国花生品种鉴定委员会鉴定。

六、特殊注意事项

在花生油分的快速积累当中，花生对养分的需求量较大，要确保此阶段花生的土壤肥力和水源供应，确保花生果实的稳定生长，通过提高光合效率，促进有机物供应。干旱是影响花生油分积累的一大重要因素，苗期花生干旱对花生的油分积累影响不大，而花针期花生处于油分快速积累阶段，干旱会导致花生养分不足，对花生自身品质造成严重影响。

花生高油酸品种改良技术

一、技术背景意义

花生在国民经济中具有重要的地位和作用。油酸是花生油脂中的主要脂肪酸之一，在人体脂类代谢中能够降低有害胆固醇，保持有益胆固醇水平，从而减缓动脉粥样硬化，有效预防冠心病等心脑血管疾病的发生。油酸含量高，抗氧化能力强；产品不易氧化酸败，货架寿命较长，耐储能力也强。因此，培育高油酸花生新品种对于提高人民生活水平和健康营养具有重要意义。

二、关键问题与难点

目前我国的花生品种面临着遗传基础日趋狭窄、品种过于单一化的问题，尤其是优异种质资源匮乏和过分依赖少数骨干亲本资源的问题。变异丰富的种质资源是对农作物进行持续改良、拓宽现有品种遗传背景、避免毁灭性病虫害的物质基础。高油酸育种中利用优质种质资源做亲本，有助于拓宽花生栽培种狭窄的遗传基础，培育出高产稳产的高油酸花生品种。

三、技术目标与要点

1. 技术目标

培育高油酸花生品种将改善食用油的营养价值，成为市场潜力大的优质食用油。

2. 技术要点

（1）高油酸花生检测。选择检测速度快、成本低、绿色、无损坏的近红外光谱分析法进行高油酸的测定，或针对控制高油酸性

状的 *FAD2* 基因突变位点设计分子标记筛选获得高油酸花生材料。

（2）高油酸花生品种培育。根据检测结果筛选出油酸含量高的株系作为亲本，在后期育种过程中定向选择抗病性强、耐低温、耐盐碱等综合性状优良的花生品种进行杂交或者回交，定向培育高油酸兼具其他优异性状的新品种。

（3）高油酸花生种植。适当延迟播种，地温稳定达到18℃以上进行播种，起垄覆膜种植。早期注意开孔引苗，增施有机肥，无机肥和包膜控释肥料混合使用，花生生长中后期（开花期、结荚期、成熟期）应补水排涝，避免过度干旱或积水。

四、适宜地区与条件

此技术适用范围广、应用前景广阔，适宜于黄淮海、东北、华南、西南、西北等全国花生主要产区，尤其在北纬40°以南的地区。

五、实施事例与效果

山东省花生研究所以 S17 和 SPI098 进行杂交后系统选育，培育出花生新品种花育 32 号，其油酸含量高达77.8%，于2009 年4月通过山东省品种审定。该所还发明一种高油酸高产花生的育种方法，该法选择综合性状好、高产的种质和高油酸含量的种质 SPI098 组配亲本组合；在早期分离世代测定优良单株中每一粒种子的油酸含量，选择高油酸含量的优良花生种子；筛选出高油酸含量的花生种子在下一世代种植，在后期分离世代选择高产优良单株；经多世代的高油酸和高产压力筛选定向培育而获得高油酸高产花生新品种或品系。

六、特殊注意事项

不同播期、干旱胁迫、种植方式和不同种植区域，其油酸含量均受到不同程度的影响，应因地制宜进行培育。例如：春播花生应采用地膜覆盖等增温保墒措施，生长中期不能揭膜，收获时注意回收残膜。

优质高蛋白花生品种改良技术

一、技术背景意义

花生籽仁含有 24%~36% 的蛋白质，含量高（仅次于大豆），并含有大量人体必需的氨基酸和较多的维生素 E、维生素 B 以及磷、镁、钾、钙等元素，是较理想的食用蛋白资源。花生蛋白质的可消化率高，消化系数高达 90%，易于被人体吸收。随着人们对营养的认识和要求逐渐加强，花生蛋白质资源越来越引起人们的重视。目前，生产上种植的花生品种，蛋白质含量变幅在 12.48%~36.31%，平均含量为 26.85%，蛋白质含量>32% 的品种占 6.78%。由此可见，优质高蛋白花生品种的选育还有较大空间。

二、关键问题与难点

优质高蛋白花生要求具备高产、高蛋白、高糖分、高油酸、低含油量、质地酥脆等品质性状。目前选育的高蛋白花生品种具有较强的地域性，高蛋白花生选育工作还处于较低水平。

三、技术目标与要点

1. 技术目标

培育优质高蛋白花生，综合适应性强、产量高、低油高蛋白、高糖分、高油酸、质地酥脆等品质性状，满足食品加工业需求。

2. 技术要点

（1）亲本选择。花生蛋白质含量为多基因控制，以加性效应为主，属数量遗传，且具超亲现象。因此，选择高产优质高蛋白材料作为亲本效果较好。例如，亲本之一可选一些当地丰产性和配合力好、适应性广、蛋白质含量高的主推品种。不同类型花生品种的蛋白质含量也有差异，目前国内的花生品种，多粒型和珍珠豆型品种的蛋白质含量平均值、最高值以及含量高于32%的品种百分率都高于其他类型，特别是珍珠豆型品种中有13.9%的资源蛋白质含量高于32%。因此，可选用珍珠豆型优异花生材料来做育种亲本。

（2）选育方式。目前选育的高蛋白花生品种具有较强的地域性，多来自湖南省、福建省、江西省等南方产区。鉴于这种现状，花生高蛋白育种工作可引进省外高蛋白资源或者国外高蛋白资源，通过杂交育种来进行蛋白质含量的改良，是目前非常有效的育种方式。同时可利用傅立叶变换近红外漫反射光谱技术非破坏性地快速定量分析花生种子的蛋白质含量，辅助高蛋白花生品种的选育工作，可加快育种进程。另外，利用化学或物理诱变技术创造高蛋白质含量突变体也是资源创新的有效途径。

（3）地域影响。花生蛋白质的形成与含量会受到气象条件的影响。研究发现蛋白质和脂肪含量对气象因子的要求是相反的，即气象条件有利于蛋白质的形成时，则不利于脂肪的形成，反之亦然；从花生生育来讲，从开花至成熟，前期高温、光照充足、温度日较差较大，后期适当多雨有利于蛋白质含量提高。这也是目前选育的高蛋白品种具有较强地域性的原因。因此，高蛋白花生育种工作要结合当地的环境条件，发挥地域优势，创造地方特色，达到增产增效的目标。

四、适宜地区与条件

适宜于福建、江西、四川、广东等花生南方产区以及山东、河南等花生主要产区。筛选出符合当地特点的优质高产高蛋白花生，可加快食用型高蛋白花生新品种的推广。

五、实施事例与效果

福建省农业科学院作物研究所以粤油 99 为母本,中间育种材料 9817-36-2 为父本,配制杂交组合,混合系谱法选育成丰产、高蛋白、中果加工型花生新品种福花 9 号,适应当地生产需要。

六、特殊注意事项

根据育种目标,确定适宜的育种亲本,特别注意提升高蛋白花生新种质的综合营养价值,满足食品加工业和消费市场的需求。

优质鲜食花生品种改良技术

一、技术背景意义

近年来随着生活水平的提高，消费者对绿色天然的食用方式需求增加，鲜食花生因其最大限度保留花生营养价值而备受现代健康消费者的青睐。花生科研育种单位和种业公司也越来越关注鲜食花生育种，在种质筛选、品质特性、品质选育等方面开展了相关研究。但长期以来花生的育种方向以选育高产高油的油用型花生为主，关于鲜食专用型花生品种的研究不系统，缺乏统一的评价标准。

二、关键问题与难点

优质鲜食花生要求具备高产、早熟、高蛋白、高糖分、低含油量、高油酸、口感细腻等品质性状。目前，专用鲜食花生种质资源比较缺乏，并且缺少对品种的综合评价标准。

三、技术目标与要点

1. 技术目标

培育优质鲜食花生，综合抗病早熟、低含油量、高油酸、高蛋白、高糖分以及感官品质等性状，满足鲜食花生市场需求。

2. 技术要点

（1）熟性选择。鲜食花生应以选育早熟花生新品种为主，搭配选育中熟和超早熟品种。早熟品种可以提高复种指数，早熟早收，提早上市，满足消费者需求，增加经济效益。因此，鲜食花生育种亲本应选择早熟材料，系统选育过程中保留熟期较早的株系。

（2）品质选择。花生品质是鲜食花生育种的主攻目标之一。育种亲本应选用抗性好、高蛋白、高糖分、低油分、高油酸、口感细腻等综合性状优良的花生材料。花生常因病虫害等造成减产或降低籽仁品质。人工防治病虫害，既增加投入又污染环境，且易产生残毒。鲜食花生要求绿色有机无污染，因此提高鲜食花生抗性具有重要意义。高蛋白、低油分、高油酸的花生营养价值更高，不油腻，香味浓郁。高油酸花生的口感、口味更好，可降低过敏的风险，有益于心脑血管的保健，可减少患冠心病的风险等。从营养保健方面看，选育高油酸的鲜食花生是消费市场的需求。随着鲜食花生产业的发展，花生的感官品质会越来越受到重视，花生的甜味、香味、细腻度等指标也是鲜食花生育种的重要目标。

（3）选育方式。花生品种资源较为丰富、种质优良，杂交育种是鲜食花生专用型花生育种最有效的方法。系统育种可在当地推广的花生品种或优良品种资源中，按鲜食花生的育种目标选择变异单株。还可以利用理化因素诱发变异，进行诱变育种，从变异后代中通过人工选择、鉴定而培育出符合鲜食标准的花生新品种。

四、适宜地区与条件

此技术适用范围广，适宜于黄淮海、东北、华南、西南、西北等全国花生主要产区。筛选出符合当地特点的优质鲜食特色花生，可加快鲜食花生新品种的推广。

五、实施事例与效果

四川省农业科学院经济作物育种栽培研究所以优质多抗花生育种材料05-86为母本、中花8号辐射变异株为父本，经杂交后系统选育，育成优质鲜食型花生新品种蜀花3号，提升了四川花生品种特色优势。

六、特殊注意事项

根据育种目标，确定适宜的育种亲本，特别注意提升鲜食花生新种质的综合抗性，强调鲜食花生的绿色有机健康性。

适于机械化收获品种鉴定技术

一、技术背景意义

收获是花生生产的重要环节，其适宜收获期较短，抓住最佳收获时期尤为关键。传统人工收获工序较多，需要人工挖掘、抖土、捡拾、摘果等，劳动强度大、效率低。据统计，整个花生生产过程，收获环节用工占全过程的1/3以上，作业成本占整个生产成本的50%以上。因此，发展花生收获环节机械化水平，具有现实意义。明确不同花生品种机收特性，提供相应技术参数，有助于选育适宜机收的花生品种以及有针对性地研发花生收获机械。

二、关键问题与难点

目前在花生种植中，品种选择、种植技术上关注较多的是花生的高产优质多抗，进而忽略了机械化生产的适用性，适宜机械化收获的品种少，给花生机械收获带来困扰。此外，花生品种的种植规模、土壤条件、种植方式以及种植密度难以与机械化收获设备相适应，影响收获质量。

三、技术目标与要点

1. 技术目标

培育适于机械化收获的花生品种，有益于建立花生机械化收获体系，抢占农时，降低作业成本，提高作业效率，减少劳动力投入，节本增效。

2. 技术要点

（1）适于机械化品种鉴定。果柄强度是影响花生机械化收获的重要农艺性状。果柄强度太低，机械化收获时容易产生落果，造成"丰产不丰收"的现象；而果柄强度过大也不利于机械收获，收获后果柄往往连在荚果上，给后续的摘果工作带来不便。因此，机械收获时选择适宜的收获方式：株型直立，高度适中（40～60cm），抗倒伏能力强，果柄强度大，果—柄黏结力小于秧—柄黏结力的材料适于半喂入联合收获；小匍匐型，株型适中，果柄强度小的材料适于全喂入捡拾联合收获。挑选出荚果完整且无果柄的植株进行留种，可作为亲本进行传统杂交育种。

（2）适于机械化花生种植。选用土质疏松、土层深厚、地势平坦、排灌条件良好、适于机械化作业的地块。播种前，每亩施高效复合肥40～50kg、尿素5kg，或施用花生专用高效缓释肥40kg作为基肥。坚持适墒播种，根据土质、气候和土壤墒情确定适宜的播种深度，一般播深5cm为宜。花生结荚期要控制枝叶生长，喷施化学药剂多效唑，防止徒长倒伏。当花生植株表现衰老、顶端停止生长、上部叶片和茎秆变黄、土壤含水量在10%～18%时比较适合花生机械收获。

四、适宜地区与条件

此技术适用范围广，适宜于我国花生主产区。针对不同的地理环境，筛选培育出适宜平原、丘陵等地的机械化收获品种，加快花生机械化收获体系的建立。

五、实施事例与效果

山东省花生研究所对78个花生品种（系）进行花生果柄强度的测定。用夹子夹住荚果中部与拉力计相连，垂直向上缓慢拉动拉力计直至果柄断裂。记录最大拉力值，并记录果柄断裂部位。筛选出适于机械化收获的大花生品系R17-9、P17-91、P17-70、P17-68、P17-90、P17-111，后续可作为亲本杂交选育品种。

六、特殊注意事项

花生机械收获时，注意收获机及收获方式的选择。要根据实验情况，因地制宜选择收获方式，并且选择符合收获机械作业质量要求的收获机。联合收获机械作业质量要求总损失率≤5%，含杂率≤5%，裂荚率≤1.5%，破碎率≤1%，未摘净率≤1%；分段式收获机械作业质量要求总损失率≤3.5%，含杂率≤3%，挖掘合格率在98%以上，破碎率和未摘净率≤1%，裂荚率≤1.5%。

花生抗黄曲霉侵染品种鉴定技术

一、技术背景意义

黄曲霉（*Aspergillus flavus*）侵染花生产生的黄曲霉毒素具有极强的毒性和致癌特性，严重威胁食品安全和人类健康，成为花生产业长远发展的限制因素。黄曲霉毒素对花生的污染主要发生在两个阶段：一是收获前，土壤中发育荚果受黄曲霉菌侵染并产毒；二是在收货后的干燥、贮藏和加工阶段被黄曲霉侵染并产毒。选育抗黄曲霉侵染花生品种是防控黄曲霉毒素污染的最有效措施。花生抗黄曲霉侵染鉴定技术是选育抗黄曲霉侵染花生品种的前提。

二、关键问题与难点

黄曲霉毒素污染产生过程较复杂，花生抗黄曲霉抗性机理的研究不够深入。

三、技术目标与要点

1. 技术目标

降低花生黄曲霉毒素侵染概率，促进花生正常生长发育及品质提升。

2. 技术要点

（1）种子侵染。每个培养皿中加入 1mL 黄曲霉孢子悬浮液（$1×10^6$），搅拌，使每粒种子均匀粘上黄曲霉孢子，在 28℃下培养 7d，使霉菌充分生长侵染。另设无菌水处理为对照组。

（2）黄曲霉菌株培养基。采用察氏琼脂培养基，配方为：硝酸钠 3g，磷酸二氢钾 1g，硫酸镁 0.5g，氯化钾 0.5g，硫酸亚铁

0.01g，蔗糖 30g，琼脂 15g，水 1 000mL。

（3）黄曲霉菌液配制。黄曲霉菌株 As3.2890 在察氏琼脂培养基上 25~28℃ 培养 7d 后即产生大量孢子，用无菌水配制成悬浮液，在 15×45 倍显微镜下 264~312 个孢子/视野。每皿花生仁注入孢子悬浮液 3mL，轻摇使每粒花生仁表皮湿润，均匀粘上黄曲霉孢子，然后置 29~30℃ 温箱中培养。

（4）培养条件。花生种经上述处理后种子含水量约为 25%~30%，接种后的样品置 30℃ 生化培养箱内在黑暗培养 8d。

（5）感染率观测。在通风橱中，先用少量石油醚浸润花生仁表面，以防孢子飞散。肉眼观察种子感染粒数。经培养 8d 后计算供试材料受感染籽仁数和感染率，感染率在 15% 以下为高抗（HR），30% 以下为中抗（MR）、50% 以下为中感（MS）、50% 以上为高感（HS）品种。

四、适宜地区与条件

该技术适宜于花生种子的贮藏保存。

五、实施事例与效果

利用该技术筛选出 "花育 6301" 等抗黄曲霉侵染花生新品种。

六、特殊注意事项

黄曲霉毒素具有毒性和致癌特性，操作过程应严格在工作台进行。黄曲霉毒素检测后的实验材料应高温灭菌，防止黄曲霉菌孢子飞散。

花生低富集镉品种鉴定技术

一、技术背景意义

镉污染对花生生长发育、籽仁品质等影响巨大，严重影响着花生的产量和质量。近年来随着食品安全重视程度增加，花生籽仁镉含量超标问题日益引起关注。有效解决花生重金属镉污染的重要途径之一是选育低富集镉的花生品种。金属硫蛋白（AhMTII）在植物重金属脱毒和活性氧清除中发挥着作用，该基因的表达水平反映了金属硫蛋白的作用程度。利用荧光定量 PCR 技术检测 *AhMTII* 基因的表达水平，可用于选育低富集镉花生品种。

二、关键问题与难点

金属硫蛋白家族基因数目较多，需确定响应花生镉胁迫的基因成员。

三、技术目标与要点

1. 技术目标

利用实时荧光定量 PCR 在分子水平快速筛选低富集镉花生品种，提高育种效率。

2. 技术要点

（1）引物设计。前期研究发现金属硫蛋白 *AhMTII* 基因在花生镉富集中起关键作用。根据其序列设计特异引物。上游引物：5′-GAAGGTGCT-GAAATGGGTGT-3′。下游引物：5′-CAATTGGATTT-GCCTGAGGT-3′。

（2）cDNA 链合成及 qRT-PCR 检测。提取待检测花生根的总

RNA，利用试剂盒反转录成 cDNA，以此作为模板。反应体系为 25μL，包括上、下游引物（5μmol/L）各 0.5μL，模板 2μL，2× SYBR PremixExTaq 12.5μL，ddH$_2$O 补齐至 25μL。反应条件为：95℃预变性 2min；94℃变性 15s，58℃退火 15s，72℃延伸 20s；共 33 个循环。

（3）低富集镉花生品种筛选。分析（2）中鉴定的 *AhMTII* 基因的表达量，若待检测样品该基因表达量高，表明其镉脱毒能力强，即为低富集镉花生品种。

四、适宜地区与条件

该方法可用于快速筛选鉴定不同镉富集花生基因型，并用于辅助选择育种等研究工作。

五、实施事例与效果

山东省花生研究所利用该技术筛选到 XD$_3$ 22 等低富集镉花生资源。

六、特殊注意事项

提取 RNA 及反转录 cDNA 的步骤需严格按照规范操作，防止因 RNA 降解造成的测定误差。

花生抗低温育种鉴定技术

一、技术背景意义

低温是北方大花生区播种期的主要自然灾害。播种稍早，遇寒流即发生大面积低温烂种。而在东北地区，除了播种期低温对花生出苗的影响外，在花生收获期如收获不及时或遇初霜期提前，也很容易发生冻害。冻害会引起花生籽仁营养成分改变，降低花生品质，进而影响经济效益。冻害还会导致花生种子的发芽率大幅降低或丧失，留种困难。东北花生种植区每年都要外调大量花生种子来解决生产用种问题，这也增加了生产成本。筛选耐低温种质，培育耐低温花生品种可以解决北方地区低温对花生生长和产量的影响，降低东北地区花生种植成本。

二、关键问题与难点

传统育种方法周期长、效率低，很难选育到真正耐低温的品种。传统育种与诱变育种、现代分子育种技术有机结合可以聚合优良基因，提高育种效率。

三、技术目标与要点

1. 技术目标

培育耐低温花生品种，解决北方花生种植区播种期冻害问题及东北地区花生收获期冻害导致的留种问题。

2. 技术要点

（1）诱变技术创制花生新种质。可以通过 EMS 处理、^{60}Co-γ 射线和快中子辐照 3 种方法对花生种子进行诱变。EMS 处理溶液浓度为 1.5%，处理时间 4h。^{60}Co-γ 辐照处理，采用 ^{60}Co-γ 射线剂量 250Gy 辐照花生种子。用快中子辐照种子，辐照能量为 14MeV，辐照剂量为 18Gy。

（2）耐低温种质的室内筛选。将通过上述方法获得的突变体种质在培养箱进行低温处理：选取成熟饱满、种皮完整的种子，在常温下用灭菌的超纯水浸种 8h，然后置于 12℃人工气候培养箱暗培养 72h，再将培养箱温度调至 2℃ 低温处理 96h，之后转入 10℃ 培养 96h，最后置于 25℃恒温箱中培养 7d 后计算各种质资源发芽率。以常温浸种 8h 在 25℃恒温箱中发芽作为对照，相对萌发率大于 85%的种质为耐低温种质。

（3）花生优质高产耐低温品种选育。选取耐低温的花生种质作为父本，其他优异品种（如高产、高油酸、高抗病等）作为母本，搭配杂交组合进行品种选育。采用分子标记辅助育种技术如 SSR、AFLP 标记等筛选杂交后代，以增强杂交育种后代筛选的准确性。

（4）耐低温品种田间鉴定。

①地块选择：选择东北地区（辽宁或吉林），具有当地土壤代表性、肥力中上等、地势平坦，排灌方便、前茬作物一致，不重、迎茬的田块。

②施肥深耕：耕地前每亩撒施有机肥 200kg、磷钾肥复合肥 50kg。播前墒情必须合适，花生播种前每亩铺施 25kg 复合肥。

③种植方式：采用东北地区常用种植方式。垄宽是 48~50cm，播种 1 行，穴距 12.5~13.5cm，每穴播 2 粒种子，播深 3~4cm，1.0 万穴/亩。5 月 10—20 日播种，播种期注意避开寒流。收获时采用分段收获方式，大约分别在 9 月底、10 月初和低温霜降后收获。

④田间管理：在花生幼苗顶土鼓膜刚见绿叶时，就要及时开孔引苗，避免地膜内湿热空气将花生幼苗烧伤。引苗后要在膜孔上方压土，能够起到保护地膜和引升花生子叶节出膜的作用。整个生

育期注意及时防治蚜虫、蓟马等害虫，根腐病、叶斑病等病害，及时除草。注意补水排涝。

⑤耐低温品种（品系）鉴定：分不同时间段收获的花生晾干后取样，进行萌发率统计。前两次收获萌发率均大于85%的品种（品系）鉴定为耐低温品种（品系）；第三次收获萌发率大于75%的品种（品系）鉴定为耐低温霜降品种（品系）。

四、适宜地区与条件

该技术主要适宜于北方，尤其是东北地区花生种植区耐低温花生品种的筛选。

五、实施事例与效果

通过 EMS 诱变和辐射诱变获得了突变体种质资源 200 份。从 200 份突变体种质中共筛选到 4 份相对萌发率大于 85% 的耐低温种质资源。以 4 份种质资源为模板搭配杂交组合进行了耐低温品种的选育。2018 年在辽宁阜新对 41 个花生品种（品系）进行了耐低温鉴定，根据收获种子的萌发率及品质测定结果筛选到花育 910 和花育 33 号为耐低温品种。

六、特殊注意事项

突变体种质资源需要经多代种植遗传稳定后再搭配杂交组合。耐低温品种（品系）的田间鉴定收获时间需要根据当地天气变化进行适当调整。

花生耐盐碱品种改良技术

一、技术背景意义

培育耐盐碱花生品种，是增加花生种植面积，缓解粮油争地矛盾的重要措施之一。然而传统育种方法很难选育到高效耐盐碱的品种，通过分子生物学的手段培育耐盐碱的植物品种是近年来重要有效的手段。对花生种质资源在盐碱胁迫下的表型进行评价，挖掘具有优异性状的花生种质资源，加强高效后代筛选鉴定技术的创新，包括后代产量、品质以及耐盐碱性鉴定评价技术的创新，可以为科学合理选配亲本、组配杂交组合以及后代的科学选择提供理论指导，提高耐盐碱花生的选育种效率。

二、关键问题与难点

花生抗逆性遗传机理复杂，对盐碱胁迫的适应性由多基因控制，给杂交后代的筛选带来了困难。同时花生不同生育期耐盐碱能力不同，给耐盐品种的筛选鉴定带来一定困难。

三、技术目标与要点

1. 技术目标

培育耐盐碱花生品种，使花生能够在含盐量 0.15%~0.25% 的盐碱地中生长并达到亩产 300kg 以上的产量，从而扩大花生种植面积，提高花生总产量。

2. 技术要点

（1）花生种质耐盐能力评价。用 0.5% 的 NaCl 处理花生种子，7d 后统计花生种子萌发率，萌发率大于 75% 的品种评价为耐盐性强的种质，萌发率低于40%的为盐敏感种质。

（2）花生优质高产耐盐品种培育。选取耐盐性高的花生品种（品系）作为父本，其他优异品种（如高产、高油酸、高蛋白等）作为母本，搭配杂交组合进行品种选育。采用分子标记辅助育种技术如 SSR、AFLP 标记等筛选杂交后代，以增强杂交育种后代筛选的准确性。

（3）耐盐品种（品系）的鉴定。首先将培育的品种（品系）在 0.5% 的 NaCl 溶液中进行萌发率鉴定，选择萌发率大于75%的品种（品系）进一步进行田间筛选。田间筛选时，主要技术要点如下。

①地块选择。选取盐碱地进行试验。应选择含盐量 0.15% ~ 0.25%，地势平坦，排灌方便、大小合适、盐碱度较均匀、前茬为非豆科作物，不重、迎茬的盐碱地进行试验。

②施肥深耕。为降低盐碱对花生萌发的影响，播种前大水漫灌压盐，之后耕地切断土壤毛细管，耕地前每亩撒施有机肥 200kg、磷钾肥复合肥 50kg。播前墒情必须合适，花生播种前每亩铺施25kg 复合肥。

③种植方式。播种时采取挖沟造垄、低垄覆膜方式，目的是防止雨季盐分随雨水蒸发聚集到花生根部对花生造成盐碱伤害。垄宽85cm、高 10 ~ 20cm，垄上种 2 行花生，行距 28 ~ 30cm，穴距约16cm，每穴播 2 粒种子，播深 3 ~ 4cm，1.0 万穴/亩。4 月 20 日—5 月 10 日之间播种，9 月 20 日左右收获。

④田间管理。在花生幼苗顶土鼓膜刚见绿叶时，就要及时开孔引苗，避免地膜内湿热空气将花生幼苗烧伤。引苗后要在膜孔上方压土，能够起到保护地膜和引升花生子叶节出膜的作用。出苗后及时清棵，确保侧枝出膜、子叶节出土。整个生育期注意及时防治蚜虫、蓟马等害虫，根腐病、叶斑病等病害，及时除草。注意补水排涝。

⑤耐盐品种（品系）鉴定。收获花生绝对亩产量达到 300kg

以上，相对产量百分数（与正常土壤中种植产量相比）达到 75% 以上，鉴定为耐盐碱品种（品系）。

四、适宜地区与条件

该技术主要适宜于黄河三角洲区域盐碱地耐盐碱花生培育筛选。

五、实施事例与效果

2019 年在东营盐碱地对 66 个高油酸花生品种（品系）进行耐盐性鉴定。结果筛选到两个品种（品系）在盐碱地种植的亩产达到了 300kg 以上，这两个品种（品系）分别是大花生品种花育9125 和小花生品系 R17-3。

六、特殊注意事项

由于盐碱地种植具有复杂性和不稳定性，通常需要多年多点试验才能确定真正耐盐能力强的花生品种。

花生品种耐盐性分级评价技术

一、技术背景意义

盐碱地种植耐盐基因型作物是最经济可行及高效的措施之一。作物在个体发育的不同阶段耐盐性不同，随生长发育进程推进，作物的耐盐性逐渐提高，通过采取有效的田间管理措施也较容易调控缓解。花生属中等耐盐作物，已有研究选用品种数量和评价指标较少，且多采用水培方法集中在芽期或苗期的某一阶段，鉴定时间短，不能系统评价花生品种整个生育期的耐盐差异。因此，选择花生耐盐鉴选的适宜浓度和指标，建立花生品种（系）耐盐性的评价与品种选择技术，为盐碱地花生生产提供技术支撑具有重要意义。

二、关键问题与难点

应用准确可靠的评价方法和评价指标，系统建立花生耐盐性评价体系，避免评价的片面性而与实际盐碱地花生适应性不符。

三、技术目标与要点

1. 技术目标

建立花生耐盐性评价与品种选择技术，可对品种抗逆特性定量化分级，为盐碱区域花生品种优化组配和科学布局提供简捷高效的技术支撑。

2. 技术要点

（1）评价时期。萌发至幼苗期可作为鉴选高度耐盐种质的重要生育阶段。全生育期评价可反映品种综合耐盐性。

（2）评价指标。作物的生长反应通常被作为盐胁迫下作物的耐盐指标，选用多个指标比用单一指标更能全面反映作物耐盐性。出苗速度、植株形态、生物量、生理性状、产量均可作为评价指标。

（3）评价强度。选择适宜盐胁迫浓度以及控制一致的环境条件对遗传变异的准确估计至关重要。在设置品种盐胁迫浓度时应充分考虑品种耐盐阈值及阈值内不同胁迫强度。

（4）评价方法。采用耐盐系数对不同品种各产量等指标进行比较，通过主成分分析或隶属函数值法对不同品种综合比较。

（5）品种选择。选用优质、抗病、适应性广、耐盐碱的花生品种，如花育 25 号、花育 28 号、花育 36 号、冀花 5 号等。

四、适宜地区与条件

此技术以盐碱地花生生产为目标，适用于花生种质资源、近年来育成的品种（系）耐盐性评价和选择。

五、实施事例与效果

应用本技术选择的花生品种，在山东省东营市滨海盐碱地种植，2015 年不同盐碱程度土壤（0～20cm 表层土壤含盐量分别为 0.23%、0.35%），花生亩产量分别达 548.6、481.7kg。

六、特殊注意事项

选择适宜盐胁迫浓度对于评价品种的耐盐性至关重要，田间选择时注意盐含量要均匀，避免因盐含量不同出现评价误差。

花生分子标记辅助选育技术

一、技术背景意义

花生是重要的油料作物。在育种过程中，优异性状（如抗病、耐逆、高油酸等）的定向选择和聚合是育种家一直以来追求的目标。一些肉眼可见的性状可以通过观察来选择（如种皮颜色、株型等），而有些性状（比如高油酸等）是无法直接通过肉眼观测到的。分子标记是以个体间遗传物质内核苷酸序列变异为基础的遗传标记，是 DNA 水平遗传多样性的直接反映，对隐性的性状选择十分便利。

二、关键问题与难点

目前，可应用的分子标记数量有限，需要筛选或开发与目标性状连锁的分子标记。

三、技术目标与要点

1. 技术目标

筛选或开发与目标性状关联的分子标记（比如 SSR、dCAPs 等），利用分子标记快速、准确地筛选具有目标性状的育种后代，提高花生育种效率，缩短育种周期。

2. 技术要点

（1）对于基因明确的目标性状，如控制花生油酸含量的脂肪酸去饱和酶 2 基因（*FAD*2），可以根据基因（包括启动子、内显子和外含子等区域）的差异开发相关分子标记，进行关联性验证后，应用于花生育种后代的选择。

（2）对于基因不明确的目标性状，如花生株型、种子大小等，应该有一定数目目标性状差异的群体，利用群体筛选或开发与目标性状关联的分子标记，用于育种后代目标性状的选择或聚合等。

四、适宜地区与条件

该技术可用于花生杂交后代真假杂种鉴定以及辅助选择育种。

五、实施事例与效果

以 MITE 标记筛选杂交后代 F_1 杂交种，亲本 M 出现 A 带型，亲本 F 出现 B 带型，若后代 F_1 出现 A 和 B 混合带型，即为真杂种。

六、特殊注意事项

一对分子标记可能无法保证结果的真实性，需要多对标记进行验证，保障结果的可靠性。

花生优异种质资源高效利用技术

一、技术背景意义

种质资源亦称遗传资源或基因资源，它是指一切具有一定种质或基因的生物类型的总称，是遗传育种的基础。我国保存有 9 000 余份花生种质资源，然而得到有效利用的种质资源仅占全部资源的 3%~5%，绝大多数资源未得到有效利用。高效利用花生优异种质资源对花生突破性品种的选育具有重要的意义。

二、关键问题与难点

目前，较多的花生种质资源性状数据不清楚，并且共享利用平台不健全，导致花生种质资源未得到有效分发利用。

三、技术目标与要点

1. 技术目标
挖掘优异花生种质，为高产高效优质花生品种选育提供支撑。

2. 技术要点
（1）花生种质资源搜集及保存。包括从花生产区（地）收集的农家品种，从国内各研究机构征集的原有分散保存的地方花生品种和野生种、育种单位培育的新品种（含育种中间材料），以及从国外引进的花生品种和资源材料，构建一个丰富的花生种质基因库，为育种提供了物质基础。

（2）花生种质资源的鉴定与评价。对搜集到的花生种质资源进行鉴定评价，如主要植物学性状（包括主茎高、生育期、百果重等）、主要品质性状（包括油分和蛋白质、脂肪酸、氨基酸等）、抗病虫（包括青枯病、锈病、红蜘蛛等）性和抗非生物逆境胁迫（包括抗旱性、耐盐性、耐酸性）等。其中，植物学性状等可由保存单位鉴定，其他由各学科比较权威的单位统一鉴定。

（3）花生种质资源数据库建设及共享。建立一个覆盖所有搜集花生种质资源信息的网站，包括采集信息、性状等。既可以通过搜索品种名获取各个性状的数据，又可以限定某个性状的值筛选符合条件的花生品种（比如设定油酸含量≥75%，搜索获得高油酸花生品种）。此外，网站应附带花生种质资源获取的方法等信息，方便育种家或教学单位获取利用。

（4）花生优异种质资源的创新利用。鉴定出的优异花生种质，既可以用于搭配杂交组合培育新品种，又可以创建遗传群体定位控制目标优异性状的基因。

四、适宜地区与条件

该技术适于具有一定数量规模的花生种质资源条件。

五、实施事例与效果

利用该技术，山东省花生研究所筛选出抗黄曲霉侵染的印度花生"J11"，并以其为亲本选育出抗黄曲霉侵染的"花育6301"等花生新品种。

六、特殊注意事项

注意保证各个花生种质资源性状鉴定结果及描述的准确性。

花生种质资源低温保存技术

一、技术背景意义

花生种质资源是开展遗传育种的"基因库",对培育高产、优质、抗病新品种具有重要作用,也是科研教学的重要材料。传统的低温保存技术,随着时间的增加,种子活力会显著下降或丧失。随着现代化低温制冷技术的发展,建立了以现代化低温种质库为基础的种质资源低温保存技术。现代化低温库具有良好的制冷、防潮、隔气、保温、除湿等功能,为种子创造了良好的贮存条件。种子入库保存前干燥、生活力检测、密封包装等操作,使种子贮存寿命大大延长,达到了长期保存的目的。

二、关键问题与难点

较常温短期保存,种质资源低温(-4℃)保存需要建设现代化低温库,成本较高。

三、技术目标与要点

1. 技术目标
通过低温保存,长期保持种子活力。

2. 技术要点
(1)贮藏容器。花生种质资源宜用白色塑料瓶、容积为 1L,可完全密封。容器需完全干燥,干净、无裂缝,瓶口无破损。标签一式两份,瓶壁上贴一份,瓶内一份,标明品种编号、名称、产地、入库时间。

(2)材料遴选。装瓶花生种子含水量为 5%~6%。入库前发芽率一般要求在95%以上。瓶装花生荚果尽量密实，减少瓶内空气残留量，满瓶至口径。

(3) 贮藏条件。花生种质贮藏环境条件：温度为 15～18℃、相对湿度为 45%～55%；空气中氧气含量少，二氧化碳多。种质资源贮藏期间，实行定期检查。检查内容包括标签是否脱落、封口有无松动、字迹是否模糊、瓶内花生是否霉变、库温、库湿、库内霉菌等。检查结果，均应记入卡片。

(4) 种质资源管理。种质瓶同一年份的按照编号大小从左到右、从上到下摆放，标签朝外。建立花生种质资源数据库，数据库的主要内容包括：品种编号、名称、原产地、来源地、来源、类型；株型、开花习性、花色、叶形、叶色、荚果形状、籽仁形状等植物学特征；生育期、每千克果数、每千克仁数、百果重、百仁重等农艺性状；脂肪含量、蛋白质含量、脂肪酸和氨基酸组分等品质性状；抗病性、抗旱性、耐涝性等抗逆性状。

四、适宜地区与条件

该技术适宜于种质资源较多，常规冰柜无法全部保存等情况。

五、实施事例与效果

利用该技术，山东省花生研究所在莱西试验站低温库保存了约6 000 份国内外花生种质资源。

六、特殊注意事项

种质资源数目较多，应防止不同资源混乱；繁殖的种质应及时补充保存；对低温库温度进行实时监控，防止设备故障造成的高温对种子活力产生影响。

第 六 章

花生生理调节调控关键技术

花生群体质量调控栽培技术

一、技术背景意义

作物生产是一个群体生产的过程，群体内各个体间既相互独立又密切联系。作物高产栽培群体的培育不应单纯追求数量，而应注重质量，必须着眼于建立库大、源强、流畅的高光效群体结构，从本质上发掘作物的产量潜力。种植方式、合理密植、水肥管理等措施对花生群体质量调控具有重要的意义。

二、关键问题与难点

花生群体与个体存在一定的矛盾：群体小，个体发育较好；群体大，个体发育会受到一定的限制。因此如何协调花生个体与群体的关系，是花生高产高效技术的难点。

三、技术目标与要点

1. 技术目标

通过合理密植、科学化控等群体质量调控技术，协调花生个体与群体的关系，建立合理的群体结构，从而实现花生高产高效。

2. 技术要点

（1）群体种植规格。每穴双粒播种，整地质量和种子质量高的可每穴单粒精播，充分地发挥了单株的生产能力。北方产区春播大花生每亩播 0.9 万~1.0 万穴，小花生每亩播 1.0 万~1.1 万穴，夏直播 1.1 万~1.2 万穴，每穴 2 粒。也可采取单粒播种，每亩播 1.4 万~1.5 万穴。南方产区春播每亩播 0.9 万~1.0 万穴，每穴 2 粒。也可采取单粒播种，每亩播 1.3 万~1.5 万穴。

（2）群体化学调控。将化控时期从花生主茎高 40~45cm 时提前到 30~35cm 时，根据生长情况，连喷 2~3 次，间隔 7~10d，并适当减少每次药剂用量。

（3）水肥高效管理。花针期和结荚期，如果天气持续干旱，花生叶片中午前后出现萎蔫时，应及时适量浇水。饱果期（收获前 1 个月左右）遇旱应小水润浇。结荚后如果雨水较多，应及时排水防涝。肥料施用以有机无机肥配施，减少无机氮肥的投入。

四、适宜地区与条件

该技术适用范围广、应用前景广阔，适宜于黄淮海、东北、华南、西南、西北等全国花生产区。

五、实施事例与效果

单粒精播技术，通过创建健壮个体，缓解了株间竞争造成的生物逆境胁迫。减量增次化控具有抑制徒长和延缓衰老双重作用。

六、特殊注意事项

花生群体质量调控要注意协调营养体与生殖体生长，并努力提高花生结荚率和饱果率。

花生营养调控高效栽培技术

一、技术背景意义

施肥是花生产量增加的重要措施。盲目或过量施肥，导致肥料利用率低、根瘤固氮能力弱、对环境潜在威胁大等问题，进而影响花生产量、效益和绿色发展。因此加强花生营养调控，提高肥料利用率，实现花生产量与资源高效利用的协调对于花生提质增效具有重要意义。

二、关键问题与难点

花生生产存在施肥过量、肥料结构不合理及施肥方法不正确等问题，无法满足高产花生的养分需求。

三、技术目标与要点

1. 技术目标

通过花生营养调控高效栽培技术，充分发挥花生本身的根瘤固氮潜力，使花生施肥更加均衡合理，肥料利用率更高，更有利于协调花生产量与资源高效利用和环境保护，降低环境污染风险。

2. 技术要点

（1）营养高效品种选用。选用肥料利用率高、根瘤固氮潜力大的花生品种。播种前用种子量 0.2%~0.4% 的钼酸铵或钼酸钠，制成 0.4%~0.6% 的水溶液，用喷雾器直接喷到种子上，边喷边拌匀，晾干种皮后播种。

（2）施肥调控措施。花生基肥要有机无机配施，2/3 的肥料结合冬前耕地深施，1/3 的肥料结合春耕地浅施。追肥调控包括全生育期水肥一体化和中后期叶面追肥。花生起垄播种时，用覆膜播种机一次完成播种、喷施药剂、铺滴灌带、覆膜等多道工序，再根据花生水肥需求特点、气候和土壤情况进行膜下滴灌施肥。除在生育中后期根外追施氮磷钾常量元素肥料外，对硼、钼、锌、铁、铜、锰等微量元素，如果有缺素现象，可用适宜浓度微量元素肥叶面喷施。

四、适宜地区与条件

该技术适宜于山东、河南、河北等北方花生主产区。

五、实施事例与效果

比农民常规增产 8%~10%，肥料利用率提高 10%~15%。

六、特殊注意事项

注意不同元素离子之间的拮抗作用，如钙肥与钾肥不能同时施用。

花生碳代谢调控栽培技术

一、技术背景意义

碳代谢是直接影响花生产量和品质的重要生理过程，碳代谢为碳素的同化，包括光合作用、碳水化合物的合成与分解，碳水化合物的互相转化等。花生田间优良的群体环境及健壮的个体单株，可以保障花生光合能力强、碳代谢生理活性较高、碳代谢物质的合成及转运效率高。合理的碳代谢水平不仅能够保证结荚期以前营养体较高的碳代谢物质的积累，又能促进结荚期和饱果期碳代谢物质的运转率和防止叶片的早衰。但花生碳代谢受品种特性、养分状况、施肥水平及种植方式等多种因素的影响。

二、关键问题与难点

花生一般施肥水平较高、种植密度较大，生育前期和中期碳代谢能力强，植株生长旺盛，甚至形成田间郁蔽现象，而生育后期又容易形成早衰，抑制碳代谢物质的合成、积累及向荚果的转运，进而影响花生产量的提高。

三、技术目标与要点

1. 技术目标

利用碳代谢调控技术，促进花生光合产物的形成与分配，提高花生产量。

2. 技术要点

（1）确定适宜施肥量。目标亩产 300kg 左右，每亩可施用商品有机肥 100~150kg、三元复合肥 18~20kg、缓释尿素 7~8kg、硫酸钾 6~7kg，或施用花生有机无机专用复合肥 50~60kg，也可施用营养相当的其他种类的化肥。目标亩产 300kg 以上，产量每增加 100kg，肥料用量增加 20%~30%。

（2）确定适宜种植密度。春播花生，北方花生产区，中熟大花生品种的适宜密度一般为 0.7 万~1.03 万穴/亩，早熟小花生的适宜密度一般为 0.9 万~1.23 万穴/亩。春花生单粒精播，在黄河流域花生产区，早熟和中熟大花生的适宜密度一般为 1.27 万~1.6 万穴/亩，在南方花生产区则一般为 1.73 万~2.2 万穴/亩。夏直播花生，早熟大果花生品种适宜密度一般为 1.0 万~1.07 万穴/亩，早熟小果花生品种适宜密度一般为 1.1 万~1.25 万穴/亩，中熟大果花生品种适宜密度一般为 0.9 万~1.05 万穴/亩。麦套花生套种行距较宽，套期较早的，可选用中熟大果花生品种，密度可适当稀一些，套种行距较窄，套期稍晚的，可选用早熟大果或早熟小果花生品种，密度可适当大一些。

（3）适期化控，预防早衰。小花生品种在主茎高 30~35cm 时喷施生长抑制剂进行化控，大花生品种在主茎高 25~30cm 时开始化控。

四、适宜地区与条件

适用于高、中、低地力水平花生田的春花生、夏直播花生及麦套花生。

五、实施事例与效果

在沙壤土花生田，花生种植密度 0.9 万穴/亩，主茎高约 30cm 时，叶面喷施 15% 多效唑可湿性粉剂（100g/kg），结荚期和饱果期花生碳代谢酶活性较对照提高 18% 以上，收获期，花生单株结果数和荚果产量分别较对照提高 20% 和 24% 以上。

六、特殊注意事项

确定适宜的氮肥用量，保证碳氮代谢平衡；确定适宜的种植密度，营造优良的田间群体环境，改善通风透光条件；掌握化控最适宜时间，预防倒伏、花多不齐、针多不实和果多不饱等问题。

花生合理密植高效栽培技术

一、技术背景意义

在一定土、肥、水条件下，建立一个大小适宜、个体生育与群体发展协调的群体结构，是高产栽培的中心环节。合理密植能够充分利用光能，增加有效结果枝数。在适宜的密度范围内，随着密度的加大，群体的光能利用率高，总光合量增加，产量亦能相应地提高。合理密植是花生高产栽培的重要措施之一。

二、关键问题与难点

种植的密度要综合考虑品种、土壤肥力、气候等因素。依据目标产量、土壤肥力条件，构建基于栽培方式和植株配置方式的合理密度。

三、技术目标与要点

1. 技术目标

运用花生合理密植高效栽培技术，充分利用单位面积光、温、水、气、肥等资源，发挥个体产量潜力、构建源库协调的群体结构，达到增产增效的目标。

2. 技术要点

（1）适于密植花生品种。一般选择适宜密植的直立性花生品种。小粒花生每亩用种（花生米）量不超过15kg，大粒花生不超过18kg。

（2）合理密植规格。采用垄作方式。大垄双行覆膜种植方式垄距85~90cm、垄高10cm、垄面宽50~55cm，垄上小行距25~

30cm、穴距 15~16cm，1.0 万~1.1 万穴/亩，每穴播 2 粒；单粒精播 1.4 万~1.6 万株/亩。宽窄行单（双）粒直播。宽窄行单粒条播每亩播种 1.4 万~1.6 万穴/亩，宽窄行双粒穴播每亩播种 0.9万~1.1 万穴/亩，每穴 2 粒。

（3）选地与施肥。选择通透性好的壤土或沙壤土，具有良好的排灌条件的地块。整地前每亩施优质农家肥 5 000kg 或商品有机肥 50kg。连作地块每亩施生物菌肥 50kg，缓解连作障碍。

四、适宜地区与条件

本技术适宜于黄淮海、东北、华南、西南、西北等全国花生主要产区。

五、实施事例与效果

在山东省平度市中高肥力花生田开展合理密植高效栽培，利用单粒精播密植技术，花生亩产可达 600kg 以上。

六、特殊注意事项

应根据高产田、中低产田和不同种植方式选择适宜的密度。

花生弱光优质高效栽培技术

一、技术背景意义

花生与小麦、玉米等其他作物间作套种，既可充分利用土地和光热资源增加单位面积土地产出，又可充分发挥花生的根瘤固氮潜力，减少化学肥料的过量投入对生态环境的压力，具有很好的经济和生态效益，近年来已成为花生主产区粮油均衡增产的重要种植方式。在花生与其他作物的间作套种体系中，花生由于株高较矮而在光照的竞争中处于劣势。弱光是影响花生生长发育和产量品质的重要因素，研究花生弱光优质高效栽培技术对于粮油均衡增产具有重要的意义。

二、关键问题与难点

弱光是间套作体系下限制花生正常生长发育的重要因素，如何增加光照，减轻弱光对花生生长发育的影响，进一步提升花生的荚果产量和品质是此技术的难点。

三、技术目标与要点

1. 技术目标

通过花生弱光优质高效栽培技术，可以有效缓解弱光对花生生长发育的影响，提高花生产量和品质。

2. 技术要点

（1）耐阴品种选用。选用较耐阴、高产、大果、适应性广的早中熟花生品种。

（2）适宜间作套种模式。根据生产需求和地力条件，确定适宜的种植模式。如玉米—花生间作，中产田宜选择玉米与花生3∶4模式。

（3）适时播种。针对间作套种体系植物的特性，处理好它们之间的共生期，避免两种植物之间相互冲突。要注重调节两者之间的间距和空间，选择科学合理的播种时期，适时调节种植物的空间、时间。

（4）田间管理。花生采用起垄覆膜栽培，垄距 80~85cm、垄面宽 50~55cm，一垄两行，行距 25~30cm、株距 18~20cm。地膜采用聚乙烯膜或反光膜。花生初花期和结荚期喷 100mg/kg 的烯效唑，旺长地块可 7~10d 后再喷 1 次。花生生育后期每亩地喷施 0.2%~0.3% 的磷酸二氢钾水溶液 40~50kg，连喷 2 次，间隔 7~10d。

四、适宜地区与条件

此技术适用范围广、应用前景广阔，适宜于黄淮海、东北、华南、西南、西北等花生主要产区。

五、实施事例与效果

可显著减小弱光对花生生长发育的影响，促进壮苗，进而提高花生产量品质的影响。

六、特殊注意事项

弱光环境下，作物对氮肥的需求较少，氮肥过量容易导致植株倒伏。

花生非生物胁迫抗逆肽施用技术

一、技术背景意义

花生具有抗旱耐瘠、适应性强、中等耐盐等特点，但高盐和干旱等非生物胁迫仍会造成花生产量大幅降低。遗传转化和常规育种改良花生品种抗逆性是目前缓解非生物胁迫的重要生物途径，但花生转化技术不成熟，传统抗逆育种周期长、效率低。探讨既可改良花生胁迫耐受性又快速高效的途径具有重要意义。目前，多种植物抗逆肽被证明具有提高植物对低温、干旱、高盐等非生物胁迫的耐受能力的特性。发展花生抗逆肽技术，通过抗逆肽的筛选、功能鉴定、外源大规模合成，搭配高效外源施加技术，能有效提高花生抗逆能力，缓解非生物胁迫对花生生长及产量的危害，实现干旱、半干旱地区和盐碱地区产量与效率提升效果。

二、关键问题与难点

抗逆肽的外源合成技术落后、产量低、纯度差、成本较高，并且外源施加浓度和高效施加技术需要摸索，要想大规模推广，需要突破抗逆肽外源合成和高效施加关键技术。

三、技术目标与要点

1. 技术目标

发展花生抗逆肽技术，能有效提高花生抗逆能力，有益于解决制约花生生长的不良环境问题，达到干旱半干旱地区和盐碱地区增产增效的目标。

2. 技术要点

（1）花生抗逆肽高效筛选。通过多组学技术（多肽组学、蛋白组学和转录组学等），筛选响应高盐或干旱等非生物胁迫的关键小肽因子，通过生物信息学分析预测关键小肽因子在不同生长时期的生物学功能，筛选其中关键因子作为候选抗逆肽。

（2）花生抗逆肽功能鉴定。通过转化花生愈伤或花生毛状根，鉴定转基因植株在非生物胁迫下的生物学表型，分析花生抗逆肽的生物学功能。

（3）花生抗逆肽外源合成。功能抗逆肽合成目前主要有化学合成法和 DNA 重组合成法两种。化学合成法主要是通过生物试剂公司用化学手段将氨基酸依次定向地缩合成多肽。DNA 重组合成法是将目的基因重组表达载体转入植物或动物，利用动植物生物发生器合成抗逆肽。

（4）花生抗逆肽外源施加。先进行功能抗逆肽浓度梯度预试验，选择合适浓度抗逆肽喷施到幼苗期、开花期、荚果期花生或通过包衣剂的方式包裹在种子周围。

四、适宜地区与条件

该技术主要适宜于干旱、半干旱或盐碱土区等环境恶劣的花生种植地区。

五、实施事例与效果

在山东省花生研究所开展花生抗逆肽室内实验，转基因花生毛状根 35S：*AhCEP*1 在高盐胁迫条件下的生物量比对照提高 31.9%。

六、特殊注意事项

抗逆肽浓度需要做预实验，选用抗逆效果较好的最低抗逆肽浓度，减少成本，并提高效率。

花生生长调节剂高效喷施技术

一、技术背景意义

茎叶调节剂能在花生体内形成控制因子，调节花生的营养生长与生殖生长的平衡，使花生的株型向人们设计的方向生长，大大提高花生的抗倒能力，为花生后期的生长打下坚实的基础。花生上常用的植物生长调节剂大致分两类：生长促进剂（如赤霉素、三十烷醇等）和生长延缓剂（如多效唑、烯效唑等）。

二、关键问题与难点

调节剂的用量、使用时间和方法均有严格的要求，用低了达不到效果，用高了会产生药害；施药时期不当，会产生药害，轻则减产，重则颗粒无收；使用方法不当，也会产生药害。

三、技术目标与要点

1. 技术目标

科学使用茎叶生长调节剂，确保花生植株健壮生长，促进花生高效优质生产。

2. 技术要点

（1）长势较弱的中低产田。苗期，喷施 $0.5 \sim 1.0 \, \text{mg/L}$ 芸薹素内酯或 $0.1 \sim 0.5 \, \text{mg/L}$ 三十烷醇，每亩 $30 \sim 50 \, \text{L}$。花针期，喷施 $0.5 \, \text{mg/L}$ 的三十烷醇或 $0.02 \sim 0.04 \, \text{mg/L}$ 芸薹素内酯，每亩 $30 \sim 50 \, \text{L}$。

（2）长势较旺的高产田。在花生主茎高度 $35 \, \text{cm}$ 左右时（花生封垄前，一般是花针期），叶面喷施浓度为 $100 \sim 150 \, \text{mg/L}$ 的多效唑，或 50~70mg/L 的烯效唑，或 40~50mg/L 的调环酸钙，每亩 40~50L，喷施后 7~10d 观察控长效果决定是否再次喷施。

四、适宜地区与条件

适用全国各地的花生田。

五、实施事例与效果

山东省花生研究所莱西试验站，常年使用多效唑、壮饱安、烯效唑等进行化控，未发生严重的徒长倒伏和早衰现象。常年平均亩产 300~400kg，高于全国和山东省水平。

六、特殊注意事项

多效唑用量过大，会严重影响花生荚果发育，使果型变小，果壳增厚，若做种用，出苗延缓，生长势弱；施用过早，会加重花生叶部病害发生，使叶片提前枯死、脱落，引起植株早衰；另外，多效唑在土壤中残效期较长，对后茬作物的生长会表现出抑制作用，不宜连茬使用。因此建议尽量不要选用，花生繁种田禁止使用。

花生土壤调理剂高效施用技术

一、技术背景意义

近年来由于种植花生效益好，种植户积极性高，重茬种植花生越来越多。然而，花生是忌重茬的作物，花生根系分泌物在土壤中积累，使花生减产明显，重茬时间越长，减产越严重，一般造成减产 15% ~ 25%，严重时，可减产 70% 以上。同时，花生重茬时易导致土壤养分失衡，土壤微生物生态失衡，花生病虫害发生频繁。

二、关键问题与难点

根据花生田的土壤质量状况或存在的问题，选择合适的土壤调理剂和施用方法。

三、技术目标与要点

1. 技术目标

消减花生连作障碍，改善花生生长的生态环境，使花生高产、优质。

2. 技术要点

（1）调节土壤酸碱度型土壤调理剂，如，碳酸钙、秸秆灰分、生石灰、生物炭、硫酸钙、磷石膏等，每亩施用量为 40 ~ 100kg。

（2）改善土壤结构型土壤调理剂，主要含有腐殖酸、玉米支链淀粉和聚丙烯酰胺、泥炭土、有机质等，每亩施用量为 20 ~ 100kg。

（3）活化土壤养分型土壤调理剂，主要含有氨基酸、螯合剂等，如聚 γ-谷氨酸、聚天门冬氨酸、聚环氧琥珀酸、乙二酸四乙酸等，每亩施用量为 0.2~5.0kg。

（4）刺激根系生长型土壤调理剂，主要含有微生物菌剂或提取物、海藻提取物、生长调节剂、生物活性物质等，如芽孢杆菌、甲壳素和壳聚糖、生长素、褐藻多酚、几丁质等。每亩微生物有机肥施用量为 5~20kg，芽孢杆菌、生物活性物质等每亩施用量为 0.2~2.0kg。

每亩施用量在 20kg 以上，撒施后，结合整地进行耕层混施；也可以与肥料混匀或单独分开，种肥同播时条施；每亩施用量在 5~20kg，改进花生播种机，增加料仓，在花生 2 行间或根区条施；每亩施用量在 5kg 以下，溶解于水或与其他物料混合，总量在 10~20kg，地面喷施、旋耕混匀，或结合机械在花生 2 行间或根区条施。

四、适宜地区与条件

碳酸钙、秸秆灰分、生石灰、生物炭等碱性土壤调理剂施用在 pH 值小于 7 的土壤上，硫酸钙、磷石膏等酸性土壤调理剂施用在 pH 值大于 7 的碱性土壤上。

五、实施事例与效果

在豫南砂姜黑土的试验结果表明，与不施土壤调理剂的对照相比，在平作和垄作种植模式下，花生施用秸秆灰分、生物炭、腐植酸均能使花生增产，增产幅度分别为 7.4%~18.6%、5.6%~25.6%，其中，施用量为每亩 100kg 时，花生增产幅度最大，平作和垄作的花生产量分别为每亩 308.5kg 和每亩 345.5kg，增幅分别为 18.6% 和 25.6%。

六、特殊注意事项

大量施用的土壤调理剂最好是惰性材料包膜的、颗粒状的，便于与化肥混施。微生物菌剂不能和化肥混合施用，宜选在阴天，或早晨、傍晚施用。

第七章

花生病虫害绿色防治关键技术

花生主要病害绿色高效控制技术

一、技术背景意义

花生病害发生普遍而且严重，年均造成花生减产 20% 以上。当前防治花生病害主要依赖化学农药，在控制病害为害的同时，也造成花生病原菌抗药性增加、环境污染、花生及其制品的农药残留超标等问题。应用生态调控、生物防治、物理防治、科学用药等绿色防控技术，不仅可减少化学农药的用量，降低面源污染，实现花生病害的可持续性治理，而且避免花生产品中的农药残留超标，提升农产品质量安全水平。

二、关键问题与难点

当前绿色防控技术仍不完善，对暴发性病害缺乏有效控制手段及产品。

三、技术目标与要点

1. 技术目标

集成花生病害绿色防控技术，减少农药用量 20% 以上，病害的防治效果高于 80%，能够增产 5% 以上。

2. 技术要点

（1）播前种植管理。秋末冬初深耕，一般耕深 25～30cm，实行花生与玉米、谷子等禾本科作物轮作，减少连作障碍。

（2）抗病品种选用。选用综合抗病性好的花生品种，如花育 17 号、花育 19 号、花育 25 号、鲁花 11 号、中花 6 号、远杂 9102 等。精选籽粒饱满、活力强、大小均一，且发芽率超过 95% 的种子。精选出的种子播前晒种 2~3d。

（3）药剂拌种与防治。花生播种前选用高效低毒的种子处理剂进行包衣处理，防治花生土传病害，并兼治蚜虫和地下害虫。花生生长中后期，选用生物农药或高效低毒的化学农药防治花生叶部病害。

（4）微生物菌肥/剂应用。播种前施用微生物菌肥或随着滴灌施用微生物菌剂，并增施磷、钾肥。在土传病害发生严重的地块，随着滴灌施用微生物菌剂。

四、适宜地区与条件

该技术适宜于黄淮海、东北、华南、西南、西北等全国花生产区，尤其对花生土传病害发生严重的花生产区，防治效果更明显。

五、实施事例与效果

在山东省莱西市进行花生病害绿色防控技术试验，对花生叶斑病防治效果在 90% 以上，对花生冠腐病、根腐病和果腐病的防治效果在 80% 以上，减少农药用量 57%，亩增产 23%。

六、特殊注意事项

包衣花生要阴干，注意一定不要捂种，以免影响发芽率；机器拌种还要注意避免伤到种皮。

花生黄曲霉毒素污染控制技术

一、技术背景意义

黄曲霉菌是土传植物病原菌，花生生长期间，土壤中的黄曲霉菌侵染花生荚果并产生黄曲霉毒素。此外，花生在收获、储藏和加工过程中也能受到黄曲霉菌及毒素的污染，严重影响花生籽仁及其产品的品质。食用被黄曲霉毒素污染的花生籽仁及其制品对人体健康造成严重威胁。花生黄曲霉毒素污染控制技术，通过在收获前、收获后和花生食品加工过程中对黄曲霉毒素污染进行控制，提高花生及其制品的品质，减少黄曲霉毒素的危害，保证花生食品的安全。

二、关键问题与难点

花生在整个生长发育、储藏期及加工过程均易受到黄曲霉菌及其毒素的污染，控制链长、控制点多。

三、技术目标与要点

1. 技术目标

实施花生黄曲霉毒素污染控制技术，控制黄曲霉菌的侵染率降低 70% 以上，抑制黄曲霉毒素的产生降低 90% 以上，增效经济效益 10% 以上。

2. 技术要点

（1）抗病品种选用。选择抗性强的品种，如中花 6 号、粤油 9 号、粤油 20、闽花 6 号和天府 18 号等。

（2）田间减少侵染。选择产毒菌株群体较少的地方或田块作为出口生产基地。实行轮作制度并喷施杀虫药剂，消灭地下害虫。花生生育后期和荚果发育（收获前4~6周）遇旱，要及时灌溉。荚果充实期间应避免中耕除草，防止人为损伤。避免在土壤温度较高时灌水，防止因温差较大而使荚果破裂。

（3）收获后管理。尽量将花生迅速晒干，一周内将荚果水分降到10%以下。降低原料入库时的水分，原产地或调入的产品，水分控制到安全水分（籽仁8%~9%，荚果10%以下）。

四、适宜地区与条件

花生黄曲霉毒素污染控制技术适用范围广阔，适宜于黄淮海、东北、华南、西南、西北等全国花生主要产区，尤其是在黄曲霉菌及其毒素的污染相对较高的高温高湿地区。

五、实施事例与效果

2019年在山东省花生研究所莱西试验站进行花生黄曲霉毒素污染防控技术试验，选用抗病品种中花6号，在剥壳前晒果3d，应用吡虫啉和卫福拌种，在花生生长后期浇水1次，适时收获，收获后及时晾干，使花生种子含水量控制在8%以下，黄曲霉菌的侵染率降低80%，黄曲霉毒素的产生降低95%，经济效益增长15%。

六、特殊注意事项

若发现局部霉变，但危害尚未扩展时，筛选和剔除已感染的种子。重新干燥，抑制黄曲霉菌生长。如已严重感染，采用其他预防措施已太晚时，黄曲霉毒素虽超标，但含量尚低，可采用脱毒措施将毒素降至最低水平或改作其他用途。

花生根腐病和果腐病绿色高效防控技术

一、技术背景意义

花生根腐病和果腐病是目前花生生产上最重要的病害，发病地块一般减产30%左右，严重的可引起绝产。由于花生根腐病和果腐病病原菌种类繁多且不同地区病原菌种类不同，一直为花生生产上的防治难点。现在生产上主要用化学药剂进行防治，但防治效果不显著，同时由于化学防治用药量大，易导致污染严重和产品农药残留严重超标等问题。应用绿色防控技术，不仅减少化学农药的用量，降低污染，而且能够提升农产品质量安全水平。

二、关键问题与难点

花生根腐病和果腐病是由多种病原菌复合侵染引起，防治十分困难。当前的绿色防控技术还不成熟，还难以有效控制根腐病和果腐病。

三、技术目标与要点

1. 技术目标

通过绿色高效管理技术措施，显著减少花生根腐病和果腐病的发生。

2. 技术要点

（1）抗病品种选用。不同地区根据当地的水肥条件、病原菌种类选用当地适宜的花生抗（耐）病品种，如中花6号、远杂9102等品种。

（2）种子处理。根据地块发病情况，选用种子处理剂处理种子。如 350g/L 精甲霜灵种子处理乳剂，药种比 1 :（1 250 ~ 2 500）；每 100kg 种子用 25g/L 咯菌腈悬浮种衣剂 600 ~ 800mL 处理。

（3）高效种植管理。花生与甘薯、玉米、小麦、棉花等非豆科作物实行 1~2 年的轮作，对于发病较重的地块进行 2~3 年轮作，可以有效地减轻花生果腐病的发生。在发病较重的地块，每亩施钙肥 50~100kg；或石灰氮 40~80kg。花生生长后期，注意排水降低土壤湿度。花生收获后，及时清除田间病株，减少翌年病害的初侵染源。

（4）生物防治。每 50kg 花生种子用 1 亿单位/mL 荧光假单杆菌（荧保素）150~300mL 拌种；或在花生生长中后期用 10 亿单位/g 枯草芽孢杆菌 80g 进行滴灌或灌根。

四、适宜地区与条件

该技术适宜于黄淮海、东北、华南、西南、西北等全国花生产区，尤其对花生土传病害发生严重的花生产区，防治效果更明显。

五、实施事例与效果

在山东省莱西市进行花生病害绿色防控技术试验，注重剥壳前晒果 3d，播种前土壤深耕，每 100kg 种子用 25g/L 咯菌腈悬浮种衣剂 600~800mL 进行拌种，田间及时清除病残体，收获后及时晾干，控制荚果安全贮藏含水量在 10% 以下，实现对花生根腐病和果腐病的防治效果在 80% 以上，减少农药用量 57%，亩增产 23%。

六、特殊注意事项

种子处理剂要根据地块发病情况来选择，花生进行种子包衣时要阴干，注意一定不要捂种，以免影响发芽率。石灰氮至少在播种前一周施用，以免引起烧种。

花生病毒病绿色防控技术

一、技术背景意义

花生病毒病是影响花生生产的重要病害。20 世纪 70 年代以来，在北方花生产区多次暴发大面积流行，给生产带来严重损失。一般年份，病毒病引起花生减产 5%~10%，大流行年份能引起花生减产 20%~30%。推广花生病毒病绿色防控技术，通过改善花生田周边环境，改善种植措施，改良品种和加强检疫等方法实现花生病毒病的绿色防控，实现花生产量和品质的提高。

二、关键问题与难点

减少花生病毒病对花生产量和品质的影响，减少病毒病防控农药用量。

三、技术目标与要点

1. 技术目标

发展花生病毒病绿色防控技术，在不使用化学农药的基础上，能有效地防治花生病毒病，保证花生的产量和品质。

2. 技术要点

（1）选择抗病品种。花生品种对病毒病抗性存在明显差异，应用感病程度低、种传率低的花生品种，淘汰感病品种，减少病害发生，减轻损失。一般来说，大花生品种如花育 33、花育 60 感病程度低，种传率也较低，田间发病较迟，病害扩散较慢，优于小花生品种。

（2）减少种子带毒率。无毒种子应与毒源隔离 100m 以上，无毒种子可由无病地区调入或者本地隔离繁殖。轻病地留种或播前粒选种子,减少种子带毒率也可以减轻病毒病发生。

(3)病害检疫。南北方病毒病差异较大,如花生条纹病毒在北方发生普遍,而南方花生产区该病仅零星发生,因此应防止从北方病区向南方大规模调种,将病毒带到南方。

(4)早期拔除种传病苗。种传病苗在田间出现早,易于识别。此时田间介体昆虫发生少,及时在病害扩散前拔除,可以显著减少毒源,减轻病害。

(5)改善栽培措施。选择土层深厚、排灌良好、土壤肥力高、保水保肥性能好的沙壤土或壤土,应用地膜覆盖可以丰产又可以减少介体昆虫为害,清除田间和周围杂草,减少介体昆虫的来源。

四、适宜地区与条件

此技术适用范围广、应用前景广阔,适宜于黄淮海、东北、华南、西南、西北等全国花生主要产区,尤其对一些病毒病发生严重的种植区的现实意义更为重要。

五、实施事例与效果

2018年和2019年在莱西市望城镇的春花生选择大花生品种,早期消灭传播源和传播介体,改善栽培措施(具体参考技术要点),进行了实打验收,收到良好的防治效果。

六、特殊注意事项

根据不同种植地区的往年发病情况,确定适宜的花生品种,采取因地制宜的栽培措施,保证花生产量和品质。

花生根结线虫病绿色防控技术

一、技术背景意义

花生根结线虫病是一种世界性病害，几乎所有种植花生的国家和地区都有发生。花生的根结线虫病主要以花生根结线虫和北方根结线虫的为害最重，受害花生一般减产 20%~30%，严重时可达70%~80%，甚至绝收。实施花生根结线虫绿色防控技术，通过加强植物检疫，保护无病区，病区以农业防治为主，辅以药剂防治等措施，保证花生绿色生产。

二、关键问题与难点

栽培花生中不存在天然的抗根结线虫病的资源，而化学农药不仅增加成本，还对人类健康和环境产生不良影响。防治花生根结线虫的关键措施是通过播前做好土壤处理、控制荚果含水量来降低初始虫量。

三、技术目标与要点

1. 技术目标

实施花生根结线虫病绿色防控技术，减少农药用量 20%以上，病害的防治效果高于80%，能够增产10%以上。

2. 技术要点

（1）种子处理。花生种子剥壳前选择晴天晒果 2~3d，减少病原菌数量，提高种子活力。花生播前选用生产上常用的高效低毒防虫、防病的种衣剂拌种（如迈舒平、氟吡菌酰胺等），预防病、虫的为害。

（2）加强检疫。保护无病区，避免从病区调运花生种子，如需调种，只调果仁，并在调种前将其干燥到含水量10%以下。

（3）清除病残体。及时清除田间病残体和杂草，并集中销毁。

（4）改善栽培措施。增加轮作年限；增施有机肥改良土壤；花生收获后在高温天气进行深耕晒土1~2次，播种前再进行深耕；改善灌溉条件，修建排水沟，忌串灌。

四、适宜地区与条件

该技术适用范围广、应用前景广阔，适宜于黄淮海、东北、华南、西南、西北等全国花生主要产区，尤其对一些线虫病发生严重的种植区意义更为重要。

五、实施事例与效果

在山东省莱西市开展花生根结线虫病绿色防控技术，注重剥壳前晒果3d，播种前土壤深耕，种子用迈舒平拌种，田间及时清除病残体，收获后及时晾干，控制荚果安全贮藏含水量在10%以下，实现对花生根结线虫病防治效果在80%以上，减少农药用量20%，亩增产15%。

六、特殊注意事项

根据不同种植地区近几年的发病情况，筛选优质、高产、抗病性品种，并在无病区繁殖花生种；对重病灾区延长轮作年限。

花生青枯病绿色防控技术

一、技术背景意义

花生青枯病是一种严重的细菌性土传病害，从苗期至收获期均可发生，发病率一般是 10%~20%，严重时可达 50% 以上，甚至绝产，严重威胁花生生产，在南方花生产区普遍，造成严重减产。推广花生青枯病绿色防控技术，通过改善花生田周边环境，加强种植管理，改良品种等方法实现花生青枯病的绿色防控，实现花生产量和品质的提高。

二、关键问题与难点

花生青枯病是维管束病害，整个生育期均可发生，生产损失程度与发病时期相关。

三、技术目标与要点

1. 技术目标

提高花生青枯病绿色防控技术，减少化学农药的使用量，有效地防治花生青枯病，保证花生的产量和品质。

2. 技术要点

（1）选择抗病品种。花生品种间的抗病性具有明显差异，因地制宜地选用优良抗病品种。通过引种、试种改变传统的花生品种使其带有抗病性。一般来说，可以选用抗青 10 号、抗青 11 号、鲁花 3 号、中花 2 号、粤油 92、粤油 320 号等品种。

（2）清除菌源。田间发现病株，应立即拔除，带出田间深埋，并用石灰消毒。花生收获时及时清除病株与残余物，减少土壤病源。

（3）实施合理轮作。针对水源较好的区域实行水旱合理轮作，对于旱坡地与青枯病菌的非寄主植物，如玉米、大豆等进行2年以上轮作。

（4）改良土壤。适量施加草木灰、过磷酸钙等使土壤呈微碱性，对酸性土壤施用石灰，降低土壤酸度，可有效抑制病菌生长；通过深耕、深翻，减轻病害发生；在花生播种前进行根瘤菌接种，提高植株的抗病能力。

四、适宜地区与条件

该技术适用范围广、应用前景广阔，适宜于黄淮海、华南、西南等花生主要产区，尤其对一些青枯病发生严重的产区现实意义更为重要。

五、实施事例与效果

在山东省日照市进行花生青枯病绿色防控技术试验，注重剥壳前晒果3d，播种前土壤深耕，以甘薯或玉米、高粱和谷子等禾本科作物轮作，在花生播种前进行根瘤菌接种，田间及时清除病残体，收获后及时晾干，控制荚果安全贮藏含水量在10%以下，防治效果在90%以上。

六、特殊注意事项

因地制宜地选用花生品种和种植管理方式，保证花生产量和品质。

花生主要害虫化学防控药剂及施用技术

一、技术背景意义

花生害虫从为害部位来讲，主要分为地下害虫和地上害虫。地下害虫主要有蛴螬、小地老虎、金针虫等，地上害虫主要有花生蚜、蓟马、棉铃虫、斜纹夜蛾、甜菜夜蛾、花生须峭麦蛾等。化学防治在害虫防治上一直发挥着不可替代的重要作用，尤其在田间害虫大暴发需要持续压低虫口基数时。

二、关键问题与难点

要做到合理、安全、经济、有效地使用化学防治，适时适量是关键。在选用化学防治时要注意选择最佳的化学农药，掌握最佳的防治时机，把握药剂用量，确定科学的应用技术。

三、技术目标与要点

1. 技术目标

在采取选用抗虫品种、合理轮作、优化作物布局、改善水肥条件、保护利用自然天敌等一系列生态生防措施的基础上，加强虫口监测，采取适当措施进行化学防控。

2. 技术要点

（1）多种监测措施相结合对靶标害虫的发生情况进行监测。例如：利用性诱剂、食诱剂等对棉铃虫、斜纹夜蛾、甜菜夜蛾进行成虫种群监测；利用性诱剂或杀虫灯对金龟甲进行监测；利用蓝板+信息素对蓟马种群进行监测；利用黄板对花生蚜虫种群进行监测。

（2）选择适宜的化学药剂。目前辛硫磷微囊悬浮剂、吡虫啉悬浮种衣剂、噻虫嗪·咯菌腈·精甲霜灵三者混剂、噻虫胺悬浮种衣剂等拌种对蛴螬均有很好的防效。花生出苗后选用氯虫苯甲酰胺、甲维盐、阿维菌素、乙基多杀菌素防治棉铃虫、斜纹夜蛾和甜菜夜蛾类害虫，选用乙基多杀菌素、吡虫啉、噻虫嗪等防治蓟马和花生蚜虫。

（3）掌握最佳的化学药剂施用技术和喷药时机。在虫龄较小、虫口较少时进行化学防治处理。目前生产上微囊悬浮剂产品和种子悬浮剂产品多为拌种时施用，花生生长中后期防治食叶类害虫主要靠药剂喷雾，一般喷雾2~3次。在害虫为害初期，叶正面、背面、地表面都喷，应在早晚凉爽时喷药。

（4）适量合理地使用化学农药。遵守农药安全使用间隔期，使用科学合理的药量、用药次数及用药方法。避免长期单一用药，要交替使用农药，在多种病虫害同时发生时要混合用药。

四、适宜地区与条件

适宜于黄淮海、东北、华南、西南、西北等全国所有花生主要产区。

五、实施事例与效果

2018—2019年在山东省邹城市香城镇，针对春花生、夏花生主要害虫进行了辛硫磷微囊悬浮剂、吡虫啉悬浮种衣剂、噻虫嗪悬浮种衣剂、乙基多杀菌素悬浮剂、吡虫啉水分散粒剂、噻虫嗪水分散粒剂、甲维盐微乳剂减药增效防控技术研究与优化集成。防虫效果无明显下降，花生产量略有增加，农药成本和人工成本下降，经济和社会效益明显。

六、特殊注意事项

施药一般应在无风或微风的天气施药，忌在高温天气施药，以阴天或早晚施药效果好。

花生主要害虫拌种防虫技术

一、技术背景意义

花生播种时拌种可起到防虫、防病、提高抗逆性的作用，且操作简便，易于推广。拌种能预防前期地下害虫对于种子的破坏，也能防治生长中后期地上害虫对叶片和地下害虫对荚果的为害。

二、关键问题与难点

生产上的拌种剂有杀虫剂单剂、杀菌剂单剂、杀虫杀菌和肥料多元复合产品，多元复合产品保苗防虫增产效果比较显著。拌种应注意药量的把握，药量不够易导致后期防效下降，过量容易产生药害。

三、技术目标与要点

1. 技术目标

拌种药剂要精准使用。虫害一般的地块，拌种采用吡虫啉、噻虫嗪等内吸性缓释型的长效药剂直接盖种。有虫害和病害的地块，采用杀菌剂与杀虫剂配合拌种，可防治苗期病害，减轻白绢病，防治地老虎、蛴螬、蚜虫等虫害。以高效低毒杀菌剂和杀虫剂和微量元素肥料拌种，更能保苗防虫增产。

2. 技术要点

地下害虫多发、为害严重的地块建议选用以下几种拌种剂。

①30%辛硫磷微囊悬浮剂：对地下害虫蛴螬等防治效果较好，一般每亩用药 300～500mL，但对刺吸式口器害虫毒杀作用小，后期应根据田间情况喷施防治其他杀虫剂。

②60%吡虫啉悬浮种衣剂：能够预防蛴螬、蝼蛄为害，并能防治蚜虫、蓟马等刺吸式、锉吸式口器害虫，一般每亩用药 60～100mL。

③16%噻虫嗪悬浮种衣剂：针对蛴螬、蝼蛄等地下害虫有特效，同时兼防蚜虫、蓟马等地上害虫，另外它还具有促根壮苗的作用。一般每亩用药 80～100mL。

④30%毒死蜱微囊悬浮剂：毒死蜱是防治地下害虫蛴螬的特效药，具有触杀、胃毒和熏蒸作用，对地下害虫防治效果较好。一般每亩用药 300～500mL。

⑤噻虫嗪·咯菌腈·精甲霜灵三元复配种衣剂：一般每亩用药 40～80mL。

四、适宜地区与条件

适宜于全国花生产区，针对当地害虫，选用适当的拌种剂。注意：在黏性很重的田块，花生拌种效果一般都不理想，不建议采用。

五、实施事例与效果

2018—2019 年在山东省邹城市香城镇，在春花生田每亩用辛硫磷微囊悬浮剂 80g、吡虫啉悬浮种衣剂 36g、噻虫嗪悬浮种衣剂 36g 拌种，用辛硫磷微囊悬浮剂 80g（其中，50g 拌种、30g 灌根），对蛴螬防效分别达到 79.5%、82.5%、83.8%、84.9%；在夏花生田每亩用辛硫磷微囊悬浮剂 70g、噻虫嗪悬浮种衣剂 24g 拌种，对蛴螬防效分别达到 85.9%、95.2%，同时对花生蚜、蓟马、棉铃虫也有防效，花生还有一定的增产。

六、特殊注意事项

单一药剂拌种已很难起到多种的防效，建议选择复配的拌种剂。拌种剂一定要搅拌均匀，花生拌种后需要阴干、晾干。

花生主要害虫物理防控技术

一、技术背景意义

花生主要害虫物理防控技术能杀死害虫，对环境无污染。主要包括人工捕捉法、诱集捕杀法等多种方法，目前应用最多的就是灯诱和色板诱杀法。

二、关键问题与难点

物理防治的缺点是该方法在诱杀害虫的同时，也诱杀了部分非目标昆虫（如天敌），因此存在一定的局限性，应事先做好害虫监测，适期使用。特别是在害虫暴发时，应与其他方式方法结合起来使用，才会收到良好的效果。

三、技术目标与要点

1. 技术目标

利用物理方法捕杀花生主要害虫，减少花生虫害损失。

2. 技术要点

（1）在生产中常见的灯诱主要应用的有白炽灯、高压汞灯、黑光灯等。当前普遍使用的杀虫灯是采用交流电频振式杀虫灯或太阳能杀虫灯。花生主要害虫发生在 5 月下旬至 8 月底，在这期间，架设各类杀虫灯诱杀效果好。具体方法为：每 40 亩左右一盏灯，灯具安装高度可以调节在 1.5~2m。灯具最好安装在田角边，不要安装在田中央。隔几天收集 1 次诱杀的成虫，并清刷灯管上附着的死虫，以保持功效。整理好收集袋，避免害虫被吸引过来却收集不起来而逃逸。杀虫灯可以对大部分花生田的害虫均有诱杀作用。尽量选用专用杀虫灯进行防治，也可根据目标害虫的上灯时间选择开关灯时间，以避免对非靶标昆虫和天敌昆虫的误伤。

（2）色板诱杀是目前害虫绿色防控技术中比较成熟的技术，主要是各种色板诱杀。黄板可诱杀蚜虫、白粉虱、烟粉虱、飞虱、叶蝉、斑潜蝇等，蓝板可诱杀种蝇、蓟马等昆虫。对由这些昆虫为传毒媒介的作物病毒病，色板诱杀也有很好的防治效果。使用时应注意以下事项。

①诱虫板应选用材质较好，可双面诱杀、无毒、抗日晒、耐雨水冲刷的产品。

②使用时间和方法：从苗期就开始使用，能有效控制害虫发展。诱虫板面向东西方向固定好两侧，然后插入地下固定。色板底边距离作物 15～20cm 为宜。

③诱虫板应与其他综合防治措施（杀虫灯、性诱剂等）配合使用，才能更为有效地控制害虫为害。

四、适宜地区与条件

适宜于全国花生产区，适合大面积集中连片使用。

五、实施事例与效果

在山东省邹城市香城镇，连年成片花生田用黑光灯诱蛴螬，色板诱杀蚜虫和蓟马，害虫发生和为害逐年下降。

六、特殊注意事项

杀虫灯应尽量选择在远离公路和灯源、人为干扰少的地点放置。一般根据目标成虫羽化期而定，宜在羽化前 5～10d 内布置灯光诱杀成虫。灯光诱杀技术在生产实际上应用时，每盏灯控制面积在 40 亩左右，装灯数量越多，控制范围越广，整体效果越好。

花生主要害虫性诱剂和食诱剂绿色防控技术

一、技术背景意义

昆虫交配前夕，雌虫会释放特异性的性激素，雄虫就会沿着性激素方向去寻找雌虫，然后进行交配、产卵繁衍后代。性诱剂就是根据这一原理制成的仿生产品，结合配套诱捕器来诱杀雄虫，减少其与雌虫交配繁殖的机会，间接降低幼虫发生基数。昆虫生长期间常对某些食物有明显的偏好，基于该偏好人们研制了食诱剂，食诱剂经历了从传统食诱剂到生物食诱剂的过程。性诱剂和食诱剂不仅可以诱杀害虫，还可以用于昆虫收集和害虫监测。

二、关键问题与难点

性诱剂具有高度的专一性，每种昆虫性诱剂都有独特的配方和浓度，只能定向引诱并杀灭某种害虫雄虫，所以要定向放置诱芯和诱捕器。食诱剂靠气味物质的挥发诱集害虫，借助于缓释载体在田间发挥作用，要注意使用面积及诱杀药剂的效力，在害虫发生初期进行诱杀。

三、技术目标与要点

1. 技术目标

利用性诱剂和食诱剂，有效诱杀花生主要害虫，减少田间损失。

2. 技术要点

（1）暗黑鳃金龟性诱+食诱诱杀：每年的 6—8 月是暗黑鳃金

龟的出土为害高峰，在6月中旬开始悬挂性诱剂和食诱剂的诱芯及金龟甲型专用诱捕器，选用缓释型诱芯，连续应用60d。悬挂中心位置离地1.5m、间距60m为宜。

（2）棉铃虫、甜菜夜蛾、斜纹夜蛾类害虫性诱剂和食诱剂诱杀。一般悬挂于花生上部通风处，高度为1m左右，在6—9月悬挂，每亩2~3个。也可将配制好的食诱剂药液装入塑料瓶内，采取茎叶条带滴洒施药方法，均匀滴洒到作物顶端叶片上。每亩滴洒药液200mL；条带施药长度10~15m，条带间距30m；施药在下午4：00后进行。

（3）蓟马诱杀。在4—8月西花蓟马和花蓟马发生高峰期，采用信息素+蓝板，田间悬挂高度60cm，每亩30~40个。

（4）传统食诱剂诱杀害虫。

①诱杀成虫斜纹夜蛾的糖醋液比例为：糖：醋：酒：水 = 3：4：1：2，再加入少量敌百虫或灭多威。

②诱杀小地老虎的糖醋液比例为：糖：醋：酒：水 = 3：1：3：160，混合发酵8d对诱集效果显著，再加入少量灭多威或硫双威。

③用农药试剂浸泡后的杨、柳、榆等树枝置于田间可诱杀蛴螬。由于食诱剂易于挥发，有效期只有10~15d左右，需要及时添加诱剂。

四、适宜地区与条件

适宜于黄淮海、东北、华南、西南、西北等全国花生主要产区，防控年限越长，防治效果越好，适宜长期连续连片使用。食诱剂和性诱剂配合使用或者与聚集信息素、性信息素等结合使用，效果更佳。

五、实施事例与效果

山东省花生研究所自主研发了暗黑鳃金龟性诱剂诱芯及配套诱

捕器，该引诱剂和诱捕器单日单台最大引诱数为 2 195 头，防治效果 78.8%。

六、特殊注意事项

由于性诱剂具有高度的专一性，放置使用时要戴手套操作。与其他非化学防治措施一样，单纯依靠一种技术很难达到害虫防治的目的，因此性诱剂、食诱剂要与其他防治措施配套使用。

花生主要害虫生物防控技术

一、技术背景意义

传统化学防治污染环境，害虫容易产生抗药性，食品安全问题凸显，因此存在很大的应用风险。而生物防治主要是以虫治虫和以菌治虫，也可以采用生态调控、植物源杀虫灯等技术，能有效防治花生害虫，且对人类和环境友好。

二、关键问题与难点

生物防治技术往往价格较高，防效受环境影响大，防效较慢。

三、技术目标与要点

1. 技术目标

利用生物防控技术，实现以虫治虫和以菌治虫，减少田间虫害损失。

2. 技术要点

（1）保护和利用自然界害虫天敌。以虫治虫，是有效防治虫害的生物防治措施。如利用瓢虫、蜘蛛、赤眼蜂、食蚜蝇、草铃虫、寄生蜂、花蝽、盲蝽、椿象等防治蚜虫、蓟马；收集土蜂卵块埋于土下，可降低蛴螬数。

（2）以菌治虫。采用白僵菌活孢子粉剂或粒剂拌种、穴施或灌根；喷施球孢白僵菌、金龟子绿僵菌、细菌性杀虫剂 PFR-97WDG 防治西花蓟马；核型多角体病毒制剂（NPV）防治斜纹夜蛾；苏云金芽孢杆菌（Bt）防治棉铃虫、甜菜夜蛾、小菜蛾、黄曲条跳甲、马铃薯甲虫等害虫。

（3）性信息素诱虫。用同类昆虫的雌性激素来诱杀雄虫，使害虫失去繁殖力，造成绝育而达到杀虫的目的。

（4）绿色生态防控。合理轮作、深翻土壤，起垄栽培，在花生田边种植蓖麻、红麻、向日葵、薄荷、鸡冠花等植物，可招引土蜂，能一定程度减少虫害发生。

（5）植物源杀虫剂。将侧柏叶晒干磨成细粉，随种子同时施入土中，杀死金龟子幼虫；用生姜、非洲豆蔻、茶皂素、姜黄根水浸液喷施防治花生蚜等地上叶部害虫。

四、适宜地区与条件

适宜于全国花生产区。释放天敌昆虫要在害虫发生初期，对害虫发生实现早期压制。在害虫发生基数较大或者害虫猖獗发生时，需要适量增大天敌害虫释放数量。以菌治虫，喷药要避开强光，最好在日落以后 2h 左右施药，药剂直接喷到虫体和食物上，毒杀效果增强。植株上要均匀着药，根际附近地面也要喷，防治滚落到地面的幼虫。

五、实施事例与效果

中国农业科学院植物保护研究所研制的苏云金芽孢杆菌（Bt）工程菌 G033A 对棉铃虫的防治效果超过 89%，毒杀速度和毒力均与化学杀虫剂相当，而且花生长势优于化学农药防治，显示对环境友好的强大优势。

六、特殊注意事项

生物防治必须结合农业措施、化学和物理等综合防治方法，才能对害虫有可持续控制作用，达到防治目的，形成良性循环，节省生产成本和有效减少化学污染。

第八章

花生优质高效加工工艺与关键技术

花生油生产优化工艺——超临界 CO_2 萃取制油技术

一、工艺流程介绍

工业中超临界流体技术的应用广泛，有萃取、染色、反应水氧化、结晶等，其中超临界流体萃取技术发展最早、工业化最快，现如今在食品、香料、油脂、天然物质萃取等行业得到了广泛的应用。超临界流体萃取技术的原理是：为达到分离或提纯目的，利用超临界流体较大扩散力、较强流动性、较大的密度和溶解性这些特征选择性地从液体或者固体中把相应的溶质提取出来。

超临界 CO_2 萃取花生油的优化工艺：花生处理为半烘烤，粒度为 20 目、30 目和 40 目比例约为 1 : 1 : 1，萃取压力为 34.5MPa，温度为 45℃，时间为 140min，CO_2 流量为 220L/（h·kg），该条件下花生出油率为 48.75%，由于花生原料中含油量在 48%~50%，所以该工艺萃取花生油彻底。采用超临界 CO_2 萃取花生油油质清亮，气味芳香浓郁，酸值（0.6mg/g）、过氧化值（3.4mmol/kg）和不饱和脂肪酸含量（79.6%）等各项指标均符合一级食用花生油标准，可以作为人们生活中一种健康食用油。超临界 CO_2 萃取花生油操作简单，萃取彻底，无环境污染，由于萃取温度不高，花生粕仍有较高的营养价值，为花生的综合利用以及深加工的绿色生产奠定基础。

二、工艺具有的突出性特点

（1）CO_2 作为一种无法燃烧、方便获得、无毒、无腐蚀性、价格便宜、资源充足、无环境污染的溶剂，能够满足生产安全性，可以回收进行循环使用。

（2）CO_2 的溶解性大小能够通过调节压力和温度两个参数进行控制，因而可以实现选择性地提取目标产物，降低杂质的含量与种类，并尽量将目标产物提取彻底，提升目标产物的品质和外观。

（3）CO_2 常温常压下以气态的形式存在，所以通过简单调节温度或压力，就能实现溶质分离，不存在残留溶剂的问题。

（4）操作条件温和，节约能耗，保护了花生蛋白质以及其他活性物质的生理活性，使产品质量好，化学性能稳定。

（5）利用超临界 CO_2 所制备的植物油色泽好，磷含量少。简单地改变工艺参数，就能基本消除游离脂肪酸，所以节省了相应的脱酸工艺。

三、工艺应用要点

（1）原料预处理。挑选去壳、饱满完整、新鲜无杂质的花生仁备用。

（2）烘烤。将花生仁烘烤至半熟状态。

（3）超临界萃取。该流程主要经过 CO_2 储罐、冷却器、高压泵、加热器、萃取釜、分离釜、干燥器、净化器等设备（图8-1）。其中 CO_2 以气态形式从储罐放出，经过冷却器进行冷却至液态（约6℃），液态 CO_2 进入高压泵进行加压，达到高压低温状态，这时 CO_2 压力可达 $25\sim35MPa$ 萃取压力，由于温度低于一般萃取温度，需要进入加热器进行加热，使 CO_2 温度升高至所需温度（45℃）。达到萃取状态的 CO_2 进入萃取釜进行花生油萃取，为确保萃取温度恒定萃取釜应采取措施进行保温。萃取后的超临界 CO_2 携带溶质经节流阀进入分离釜实现花生油与花生饼粕的分离，进入分离釜的 CO_2 由超临界状态变为气态，压力降低至 $7\sim8MPa$，温度约 $40\sim45℃$，分离后的气态 CO_2 经干燥、净化返回至冷却器冷却然后进入高压泵加压，从而实现循环利用。

（4）分离。萃取后将花生油与饼粕分离。

（5）过滤。利用滤布式过滤器进行过滤，将胶、磷脂、油渣等去掉，得到澄清透亮的花生油。

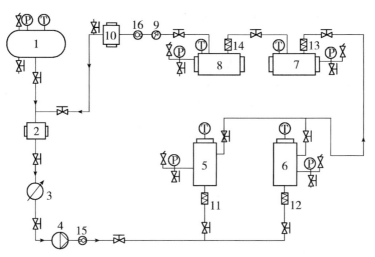

1-CO_2储罐；2-净化器；3-冷凝器；4-高压泵；5、6-萃取釜；7、8-分离釜；
9-计量泵；10-干燥器；11、12、13、14-加热器；15、16-单向阀

图8-1　超临界CO_2萃取制油技术流程

四、适宜地区与条件

超临界CO_2萃取技术已被广泛应用于医药工业（中草药提取，酶、纤维素精制）、化学工业（金属离子萃取、烃类分离、共沸物分离、高分子化合物分离）、食品工业（植物油萃取、啤酒花萃取、植物色素提取）和化妆品香料工业（天然香料萃取、化妆品原料提取精制）等。其中植物油萃取方法主要集中在植物精油的萃取方面（如姜油、玫瑰油等），而对于花生等大宗油料植物果实的植物油提取有关工业化很少，主要限制其发展的原因有如下几个。

（1）若单纯以植物油为最终产品，采用超临界萃取技术萃取分离花生等大宗油料植物果实中植物油的生产成本过高，没有任何市场竞争力。

（2）目前采用常规技术的大型花生油生产厂的单机日处理花生量接近百吨，而目前国内超临界 CO_2 萃取装置的萃取釜大小只有 $3.5m^3$，按照花生粉体堆积密度 $550kg/m^3$，萃取时间 2h，一天的处理量不超过 10t，生产效率低下。

（3）从当前国内外的前期研究成果看，花生油的萃取分离工艺条件较含精油类植物中精油提取的工艺条件来说更加容易实现，一般萃取分离温度为 40℃左右，压力为 30MPa 左右。鉴于规模化工业生产花生油与花生蛋白粉的产量将会非常大，制约花生油与花生蛋白质萃取分离的将是萃取工艺流程和最佳工业化工艺条件确定。

五、实施事例与效果

因该工艺成本较高，且萃取分离压力大，未实现规模化生产，只在中小试阶段，中试阶段萃取分离的花生油澄清透亮，花生饼中花生蛋白及活性物质保存完整，为花生饼的综合利用奠定基础。

高油酸花生油生产优化工艺

一、工艺流程介绍

生产过程中，通过分级筛选、色选等技术严格进行花生仁除杂和去除霉变粒，利用臭氧物理去除黄曲霉毒素，使花生油中黄曲霉毒素含量优于国家标准，从原料上确保花生油的品质安全；经过适温旋转烤籽后，花生仁不破碎进行整粒适温压榨，不仅使花生油产生浓郁纯正的花生油香味，同时消除了花生油加工过程中因高温形成3,4-苯并芘的隐患，使花生油中3,4-苯并芘含量优于国家标准；压榨的花生油采用物理降温凝香并利用16层植物纤维进行低温三道过滤，实现了花生油脱胶、适度脱蜡及脱脂的功效，减少了花生油香味和营养成分的损失。高油酸花生油生产工艺流程如图8-2所示。

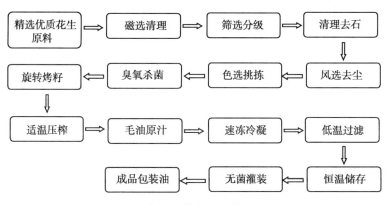

图8-2 高油酸花生油生产工艺流程

二、工艺具有的突出性特点

高油酸花生是近年来选育的花生新品种，其突出特点是脂肪酸组成中油酸含量超过75%，与普通花生相比，高油酸花生中多不饱和脂肪酸亚油酸含量大大降低，而单不饱和脂肪酸油酸的含量大大增加。相关研究证实高油酸花生具有降血脂、降低罹患心血管疾病的风险、增强对胰岛素的敏感性、改善炎症、抑癌等功效。同时，高油酸花生货架期为普通花生的2倍，高油酸花生油的货架期为普通花生油的2.8~4.5倍，跟普通花生油相比优势明显。

随着国产油脂油料和进口油脂油料数量的快速增加，居民食用油的可供应量和人均年占有量得到了快速增长，也随之暴露了一些问题。比如，油脂在加工、储藏和流通过程中易出现氧化酸败、返色回味和货架期缩短等不安全因素，同时，现有食用植物油生产工艺过度加工现象突出，造成有害物质产生，如反式脂肪酸、甘油聚合物和苯丙芘等，这些均构成了食用油脂加工过程中的安全隐患。食用植物油的过度加工不但造成资源和能源浪费，加剧环境污染，增加油脂损耗，还造成了天然营养素（如维生素E、植物甾醇、角鲨烯等）的大量损失，严重降低了食用植物油的营养、安全品质。针对上述问题，对现有工艺进行优化创新开发出"七星初榨工艺"：通过筛选分级、磁选、色选、臭氧杀菌、智能烤籽、适温压榨、速冻凝香、低温过滤，该工艺选出特级花生米作为原料；磁选色选有效去除霉变粒；后续采用纯物理杀菌去除黄曲霉素，提高原料质量；360°旋转烤籽，确保颗颗受热均匀；适温压榨无有害物质产生确保产品安全；迅速降温锁住花生油香味。该工艺在解决有害物质污染的同时，最大限度地保留了花生特有香味及营养成分不被破坏，是真正的绿色环保工艺，生产的浓香型花生油也能满足现代居民对浓香花生油的饮食习惯。

三、工艺应用要点

（1）原料。挑选油酸含量75%以上的花生品种为原料。

（2）清理。通过磁选清理、筛选去石、风选去尘后，可去除未成熟粒、破损粒、霉变粒以及石子和金属等，保证花生籽粒饱满、无破损、无虫蛀、含杂少。

（3）筛选分级。原料经往复式分级筛选机，把花生米原料进行分级，将不完善、不成熟粒分离出来，分出5级花生原料，选取颗粒饱满、成熟、优质的作为压榨原料。

（4）色选挑拣。霉烂变色、虫蛀的花生仁将严重影响油脂的品质，为提高产品质量，把控原料质量，利用色选技术去除花生原料中的霉烂粒和变色粒，降低原料黄曲霉毒素污染风险，保证入榨原料新鲜、无霉变、无虫蛀、未过陈化期。

（5）臭氧脱毒。采用连续式臭氧发生器产生的臭氧分解花生原料中的黄曲霉毒素，通过管道输送到原料暂存罐，原料进入暂存罐后，调节空气流量计和电流大小，使其每小时产生大约5g臭氧，此时在臭氧浓度89mg/L，臭氧流速为1L/min，搅拌速度70r/min条件下，最佳降解工艺为臭氧分流比0.5，处理时间30min。

（6）旋转烤籽。花生原料经臭氧物理杀菌后，不经蒸炒，直接进入烤籽机，经过连续性旋转烘烤，保证花生受热均匀无死角，消除局部过热形成3,4-苯并芘的隐患。通过调节烤炉进料速度来控制烤籽时间，控制进料温度在150℃左右，出料温度在200℃左右，保证花生仁均匀受热，烤籽机旋转速度1~2r/min，烤籽温度达到120~130℃。从进到出20min之后出料，避免了高温产生有害物质的风险，极大程度地保留了原汁原味。

（7）适温压榨。烘烤后，进入熟料密封刮板，通过密封风机将烟吸走，进入连续式密封保温刮板，通过漏斗分到各个榨机，进入榨机的温度为90~100℃，进行密封榨油，得到初榨高油酸花生毛油，适温压榨避免了因高温有害物质的产生，以低出油率为代价少量榨取，保留了花生油的香味与营养。

（8）降温。初榨花生毛油通过交换器从90℃降至20℃以下，独特的瞬间初榨速冻凝香工艺，避免花生油的香味及营养成分丢失，保证花生油原汁原味。

（9）过滤。花生毛油速冻凝香后，经16层植物纤维低温三道纯物理过滤，实现了花生油脱胶、适度脱蜡及脱脂的功效，确保花生油纯净晶莹剔透，香味浓郁、质量稳定、安全无公害。

四、适宜地区与条件

该技术适用于高油酸花生油的生产，适宜全国推广，技术主要针对高油酸花生中有害物质去除、营养成分保留、油酸含量等指标，结合当代居民饮食习惯，制定的高油酸花生优化工艺，适宜品种为高油酸花生。

五、实施事例与效果

山东金胜粮油食品有限公司自建设高油酸花生基地以来，注重基地的科学种植管理，进行轮播轮种，严格筛选优质高油酸花生品种，优化种植结构，创新监管机制，完善质量标准，研究制订了配套的生产技术操作规程，在传统花生油加工工艺中添加筛选分级、磁选色选，很大程度上降低了原料中黄曲霉毒素。同时联合山东农业大学开展臭氧杀菌工艺研究，研制出臭氧脱毒设备，并开展了臭氧处理对花生品质的影响研究，确定最佳处理条件最大限度去除花生原料及花生油中的黄曲霉毒素。适温压榨，解决了传统高温压榨中营养物质的流失、过度加工中有害物质的产生等问题。通过上述技术进行集成，建立了一套完整的高油酸花生油优化生产工艺，采用该工艺生产的高油酸花生油，黄曲霉毒素控制在5μg/kg以下（国标要求小于20μg/kg），产品香味浓郁，营养丰富，油酸含量高达75%以上。

六、特殊注意事项

选取高油酸花生做原料，这是保证高油酸花生油的先决条件。然后在生产过程中需严格控制生产条件，例如臭氧分流比为 0.5，处理时间为 30min 的降解工艺较适宜，臭氧能够有效降解花生中的黄曲霉毒素，增加臭氧气体的相对湿度（臭氧分流比）和处理时间都能显著增强臭氧对黄曲霉毒素的降解效果。适温压榨，入榨温度控制在 90~100℃，过高易产生反式脂肪酸等有害物质，过低将无法保证花生油香味。压榨出油后迅速降温至 17℃ 左右进行过滤，过滤温度过高磷脂等杂质不易去除，过低油将凝固不易过滤，17℃ 过滤不仅杂质去除彻底，得到的油也澄清透亮。

低脂高蛋白低糖花生饮料生产工艺

一、工艺流程介绍

取花生仁为原料，脱红衣制得脱皮花生仁，将脱皮花生仁轧胚，并进行蒸炒处理，然后于低温下进行压榨制取冷榨花生油，并得到脱除花生油的花生饼，花生饼中加水浸泡制浆，并对所得花生饼浆液进行加热预煮，得到花生乳液，并进行磨浆及过滤处理，在得到的花生乳液中加入甜味剂混匀，均质后加热煮浆，灌装，即得低脂高蛋白低糖花生饮料。

二、工艺具有的突出性特点

低脂高蛋白低糖花生饮料，以低温冷榨脱除花生油后的花生粕为原料进行制备，经过压榨提取油脂后的花生粕，其营养价值较高，蛋白质含量高达 40%~50%，且氨基酸种类齐全，黄酮类、糖类、纤维素、三萜或甾体类化合物等有效成分含量丰富，并含有 Mg、K、Ca、Fe、Na、Zn、P、Cu、Mn 等多种矿物质元素，制得的花生饮料完整地保留了花生中的营养成分，且营养价值较高，并且，由于花生粕原料已被提取了部分油脂，产品的脂肪含量较低，避免了饮料出现浮油等问题，有效提高了原料的利用率和产品的质量，减少了产品的沉淀，适合大规模工厂化生产。

三、工艺应用要点

（1）原料。精选优质花生米为原料，于 110~120℃ 进行烘烤处理 60min，随后进行脱红衣处理，制得脱皮花生仁。

（2）蒸炒。将得到的脱皮花生仁进行破碎并进行轧胚处理，随后于 60~80℃进行蒸炒处理，然后送入螺旋式挤压型压榨机于60℃下低温压榨制取冷榨花生油，并得到脱除花生油的花生饼。

（3）制浆。将得到的花生饼粉碎，按照料液比 1:10 的比例加水浸泡 4h 制浆，浸泡过程中不断搅拌利于浸泡充分，并对所得花生饼浆液进行加热预煮 5~10min，得到花生乳液，并将浸泡好的花生乳液用胶体磨进行磨浆 10~20min。

（4）过滤。得到的花生乳液用 200~300 目的纱布过滤。

（5）甜味剂添加。在得到的花生乳液中加入占花生乳液质量 3%的木糖醇作为甜味剂，混匀。

（6）均质。用均质机于 65~75℃、35MPa 下进行均质两次。

（7）煮浆。对均质后的花生乳液进行加热煮浆，待沸腾后继续加热保持微沸状态 10~15min，自然晾凉后灌装。

四、适宜地区与条件

该技术适用于低脂高蛋白低糖花生饮料的生产，适宜全国推广。

五、实施事例与效果

金胜粮油集团有限公司依托该工艺，申报了国家发明专利"一种低脂高蛋白低糖花生饮料及其制备方法" 1 项，工艺未产业化生产。

六、特殊注意事项

脱红衣步骤前还需将花生仁于 110~120℃进行烘烤，蒸炒温度为 60~80℃，压榨温度不低于 60℃，花生饼与水的质量比为 1:（10~20），过滤步骤采用 200~300 目纱布过滤，添加的甜味剂占花生乳液质量的 3%~4%，均质步骤需在 65~75℃下均质两次。

花生红衣制品优化生产工艺

一、工艺流程介绍

花生红衣清理、去石、除杂、除霉变，采用乙醇浸泡的提取方法对预处理的花生红衣进行浸提，得到提取液，加入絮沉剂絮凝除杂，过滤、离心得到滤液，旋蒸后加入水制成水溶液，经过大孔吸附树脂柱进行吸附，再使用乙醇进行洗脱，得到富含原花青素的解析液，经过高效分离浓缩得到浓缩液，进行喷雾干燥，得到高纯度的花生红衣原花青素粉末（图8-3）。

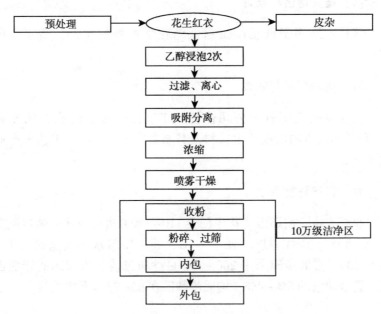

图8-3 花生红衣原花青素粉末制作工艺

二、工艺具有的突出性特点

目前原花青素的提取多采用机溶剂法、超声法、微波法、闪式法和酶法等，以上方法普遍存在产品纯度低、提取率低、杂质多、成本高等问题，醇提醇解工艺创新了花生红衣原花青素的制备方法，制备的原花青素得率高达 18.25%，制备的产品聚合度低，抗氧化活性高，水溶性好，易于被人体吸收，可更好地发挥其生理活性。采用醇提醇解工艺，提取条件温和，工艺操作简单，高效低耗，实现原料的充分利用及溶剂的全部回收再利用，无"三废"排放，是典型的绿色生产工艺。

三、工艺应用要点

（1）预处理。将原料传送至预处理间进行除尘清理、去石去杂、色选挑拣，将所有杂质、霉变原料剔除，并进行臭氧处理、紫外照射脱除黄曲霉毒素得到花生红衣原料，确保红衣原料质量安全。

（2）提取。将原料倒进提取罐内，投料时边加乙醇边投料，料液比 1：15，提取罐内温度升到 40℃保持 2h，每 0.5h 打回流 10min，提取液经 100 目网筛过滤放入暂存罐，剩下的滤渣再加入 6~8 倍体积乙醇，40℃保持 1h，每 0.5h 回流 10min，保证滤渣无损失，得到滤渣提取液合并于暂存罐中。

（3）离心。提取液静置 30min，上清液经过植物纤维滤布过滤，将滤液输入离心机中 10 000r/min 高速离心 10min，去除提取液中的杂质，离心液放入贮液罐中，打入旋蒸罐中将乙醇旋蒸出，加入纯化水制成水溶液。

（4）分离。将水溶液从贮液罐输入树脂平台的高位计量槽中，待高位计量槽中液体达到 500L 时打入树脂柱中进行吸附，吸附过程树脂柱下方视镜颜色出现红色停止加液，然后将 3BV 纯化水加入进行洗脱至不再有红色流出，再用 3BV 体积 70%乙醇对树脂柱进行洗脱，收集洗脱液于下方卧式储罐中。料液全部放出用水清洗树脂柱直至乙醇浓度<5%，然后进行反吹 5min，反洗 10min，树脂柱待用。

（5）浓缩。开启真空泵，调节蒸发器真空至 0.06MPa，通入冷却循环水，打开进液阀门，解析液从卧式储罐中输入高效浓缩罐，开启蒸汽阀门开始浓缩，浓缩温度 75℃，料液比至 1.16～1.20，将料液打入喷雾储罐等待喷雾。集液器酒精到视镜位置后，关闭集液器真空进气和出气阀门，打开排气阀，将集液器内酒精打入酒精配置罐（55℃以上）回收再利用。

（6）干燥。将浓缩液从喷雾储罐打到喷雾干燥塔中，开启蒸汽阀，进行喷雾干燥，进风温度 200℃，管道温度 100℃，排风温度 70℃，收集花生红衣原花青素干燥粉末。

四、适宜地区与条件

该技术可在行业内广泛推广，适宜花生红衣深加工。

五、实施事例与效果

2017 年山东金胜生物科技有限公司创新水提醇解法提取花生红衣原花青素工艺，提取得率提高至 11.25%，2019 年优化为醇提醇解提取花生红衣原花青素工艺，花生红衣粉碎过 60 目筛，料液比 1∶20，提取 2h，提取乙醇浓度 70%，用大孔树脂纯化，70% 乙醇洗脱，产品得率达 18.25%，纯度最高可达到 99.9%，总抗氧化能力 FRAP 值 3.96mmol/g，对 DPPH·清除 IC50 值 0.34mg/mL，60℃强化保存花生油，可延长其货架期的 1.5 倍。中试放大生产，料液比 1∶15，提取乙醇浓度 70%，40℃循环浸提 2 次，大孔树脂吸附，3BV 体积 70% 乙醇洗脱，70% 浓缩比至 1.16～1.20 喷雾干燥，产品得率 18.25%。制备的产品纯度高；聚合度低，抗氧化活性高，水溶性好，可更好地发挥其生物活性；提取条件温和，工艺操作简单，高效低耗，实现原料的充分利用，溶剂的全部回收再利用，无"三废"排放。

六、特殊注意事项

采用乙醇作为提取试剂的提取率高于水提醇解法，乙醇添加量对产品得率也有一定影响，过高易造成试剂浪费，提取不饱和，过低将大大影响提取得率，料液比为 1∶15 为最佳配比。制备的原花青素产品聚合度低、纯度大、收率高、品质好，抗氧化活性强，水溶性好，可更好地发挥其生理活性，易于被人体吸收。多级工艺处理提高了产品质量安全性，通过控制各环节工艺参数，达到制备原花青素产品纯度可控的目的，制成的不同规格产品可用于保健品、食品、药品及化妆品等领域。生产成本小，提取条件温和，工艺操作简单，高效低耗，实现原料的充分利用。

花生饼粕蛋白优化生产工艺

一、工艺流程介绍

花生浓缩蛋白是从花生饼粕中除去可溶性糖、灰分等，制得的花生蛋白产品，蛋白质含量在65%（N * 6.25 干基）以上，其主要提取方法有水萃取法、等电点沉淀法和乙醇沉淀法等方法。花生饼粕蛋白优化工艺采用乙醇洗涤法对花生蛋白进行浓缩和改性，采用 60%~80%的乙醇溶液洗涤原料，使蛋白质和多糖沉淀下来，而寡糖和其他可溶性成分被洗涤除去。本优化工艺采取乙醇洗涤法。一定浓度的乙醇溶液，可使蛋白质变性，失去可溶性。根据这一特性，利用含水乙醇对非蛋白质可溶性物质进行浸出洗涤，剩下的不溶物经脱溶、干燥即可获得浓缩蛋白。

原料经过乙醇洗涤，料液比1：14，乙醇浓度58.2%；浸提温度14.8℃，过滤干燥，此时得到蛋白质含量在73%，采用醇洗工艺对花生蛋白进行浓缩和改性，成功地研制出溶解型和凝胶型的花生浓缩蛋白新产品。其中溶解型蛋白产品的氮溶指数为80.26%，pH 值为2~12，溶解度平均值≥80.81%；凝胶型蛋白产品的凝胶硬度为11.85%，持水性为176.43%，持油性为205.12%。经聊城市产品质量监督检验所检验，水分含量为6%，蛋白质含量为72%，脂肪含量0.5%，各项技术指标已达到或超过市售大豆浓缩蛋白对应产品指标。

二、工艺具有的突出性特点

水萃取法是借助机械的剪切力和压力将花生的细胞壁破坏，使蛋白质和油脂暴露出来，利用蛋白质的亲水力和油脂的疏水作用，使蛋白质溶解在水中，花生蛋白液经均质浓缩干燥后即可得到花生浓缩蛋白。虽然水萃取法生产的花生油和蛋白质是较先进的生产工艺，由于工业化生产时间短，在工艺和设备上尚存在一些限制其发展的问题，该法生产过程中采用水作溶剂，蛋白质溶液在加工过程中容易变质，所以必须加强卫生管理，蛋白质回收率低且残油量高（9%~10%），不利于浓缩蛋白产品的贮藏，乳化现象严重，存在破乳困难等问题。

等电点沉淀法是根据蛋白质溶解度曲线，利用蛋白质在等电点时溶解度最低的特点，用稀酸溶液调节 pH 值，将原料中低分子可溶性非蛋白质成分浸洗出来。该法生产的花生浓缩蛋白的 NSI 值较高，但色泽和风味较差，并且生产过程中由于使用酸，需要水洗，产生了大量的废水，进行废水处理不仅加大了生产成本而且也容易造成环境的污染。

乙醇洗涤法制备浓缩蛋白的简单、高效、产品色泽好，蛋白质回收率高，不产生污水或废物，不需专门的污水和废物处理，操作成本低价格低廉，制得的花生浓缩蛋白可以通过简单的低成本技术生产高质量的组织化蛋白产品。

三、工艺应用要点

（1）原料处理。先将榨油后的花生饼粕破碎，加入正己烷溶剂浸泡，进行花生饼粕脱脂，脱脂后的花生饼粕粉碎过筛待用。

（2）乙醇洗涤。加入浓度为 58.2%，料液比 1：14 的乙醇溶液，在 14.8℃下进行洗涤 30min，充分使花生饼粕中的可溶性糖、灰分及部分的醇溶性蛋白质溶解。

（3）离心二次洗涤。提取液静置一段时间后，上清液回收乙醇，所得固体物质再用乙醇进行二次洗涤，再离心分离。

（4）蒸发干燥。使用真空抽滤，蒸发回收固体中的乙醇溶剂，固体蛋白经烘箱干燥脱水得到花生浓缩蛋白。

四、适宜地区与条件

该技术适用于花生饼粕蛋白的生产，适宜全国推广，该法制备的浓缩蛋白色泽好，蛋白质回收率高，不产生污水或废物，不需专门的污水和废物处理，操作成本低。

五、实施事例与效果

目前该技术还属于实验室研究中试阶段，未产业化示范实施。

六、特殊注意事项

工艺对花生蛋白的浸提温度、浸提次数、乙醇体积分数和溶剂比等因素进行四因素三水平正交试验设计，得出花生浓缩蛋白提取的最佳工艺条件为：料液比 1∶14.0，乙醇浓度 58.2%，浸提温度 14.8℃。此时得到蛋白质含量为 73.0%。实验分析可知料液比和乙醇浓度对提取的影响较大，料液比及乙醇浓度时需严格按照要求配制。

浓香花生油高效智能化生产技术

一、技术背景意义

花生油淡黄透明，色泽清亮，是重要的食用油脂。花生油中各种脂肪酸组分构成合理，不饱和脂肪酸含量达 80% 以上，有利于人体消化吸收。我国花生油年产量 400 万 t 以上，居世界首位。但目前花生油生产加工存在如下问题：蒸炒熟化不彻底，蒸汽出汽不均匀、不稳定，出油率低；花生香味保持不持久，生产不稳定，能耗大效率低；输送系统不耐高温，安全性低，使用寿命短；榨油机结构稳定性差，容易迸溅；生产线人工搬运，可控制性差，生产效率低等。

二、关键问题与难点

为提高花生油的出油率而设计花生油高效蒸胚技术，为锁住花生油风味因子而改进速冻凝香工艺，以及实现花生油智能化生产。

三、技术目标与要点

1. 技术目标

高效生产浓香花生油技术的目标就是要提高花生油的出油率，锁住花生油风味因子，完善花生油加工的高效自动化，实现花生油智能化生产。

2. 技术要点

（1）利用自动供气超高效蒸炒锅实现高出油率蒸胚工艺。蒸炒锅实现内部蒸汽管路、外部拔气孔重构和蒸汽自动供给，采用最优的蒸炒锅的蒸胚、炒胚工艺参数，实现高效蒸胚，节省蒸汽消耗

50%以上，减少蒸胚、炒胚时间30%以上，花生胚受热均匀，有效提高出油率2%以上。

（2）利用热榨花生油速冻凝香工艺，有效保留92%以上的风味因子。速冻凝香工艺中花生油冷却时间从4h缩短到25~35min，控制毛油降温温度在20℃以下，不但确保其香味四溢，而且使毛油中磷脂膨胀，便于进行油和磷脂的分离。

（3）利用蒸汽自动供给设备、自动报警储油罐等加工设备及智能化控制操作系统，实现连续生产自动化、标准化、智能化和远程操作，提高生产稳定性，实现产品质量安全全程监控，节约劳动力成本85%以上。

四、适宜地区与条件

该技术适宜于所有热榨花生油生产企业（华南、西南、西北、东南、东北地区）的浓香花生油的生产；生产企业需有花生油智能化生产线。

五、实施事例与效果

在青岛天祥食品集团有限公司开展浓香花生油高效生产，常温贮藏一年后花生油的香味风味因子保留70%以上，过氧化值和酸价高于国家一级花生油标准。

六、特殊注意事项

花生油高效智能化生产技术，只是针对常用的花生米原料的蒸炒胚进行了工艺优化，但是并未对不同产地的不同品种的工艺进行细化对比、优化。

超声波/微波辅助酶解制备花生肽技术

一、技术背景意义

蛋白酶解制备花生肽具有反应条件温和、目标产物得率高的优点。酶解反应需要在一定温度下完成，传统的水浴恒温加热技术由于反应时间长、耗能大、酶解副产物多，导致制备的花生肽纯度和活性低。探索能快速和靶向酶解、耗能小、酶解副产物少的技术是蛋白酶解技术要迫切解决的问题。超声波或微波具有传质快、能破坏蛋白大分子空间构象的特点，释放大量目标小分子肽，从而提高花生肽的纯度和活性。

二、关键问题与难点

实现蛋白酶解反应过程耗时短、耗能少，酶解副产物少，目标花生肽纯度和活性高的技术。

三、技术目标与要点

1. 技术目标

超声波/微波辅助酶解制备花生肽技术，可以有效提高蛋白酶解效率，提高目标花生肽得率，从而提高花生肽的纯度和活性，达到高值化生产功能性花生肽的目标。

2. 技术要点

（1）冷榨或热榨的花生粕粉加入蒸馏水，在超声波或微波萃取仪中充分分散，调节蛋白酶适宜的 pH 值，加入蛋白酶，在超声波或微波萃取仪中以一定的温度、频率和功率酶解一定时间，酶解结束后离心保留上清液，喷雾干燥获得花生肽。

（2）在酶解反应前，根据目标花生肽的功能活性选取蛋白酶种类，再按照最优的工艺条件进行酶解反应。由于热榨花生蛋白已经变性，冷榨花生粕粉的花生肽得率较热榨花生粕粉的得率稍小一些，但是目标花生肽的纯度却高于热榨花生粕酶解的功能性目标花生肽。生产的目标功能性花生肽包括抗氧化肽、ACE 抑制肽、α-葡萄糖苷酶抑制肽、抗菌肽、免疫调节肽、醒酒肽、助眠肽等。

四、适宜地区与条件

该技术注意适宜于所有热榨和冷榨花生粕生产企业（华南、西南、西北、东南、东北地区）的花生肽的生产；生产企业需有超声波或微波萃取仪。

五、实施事例与效果

在山东省青岛市开展微波辅助碱性蛋白酶酶解冷榨花生粕粉生产抗菌肽，其对革兰阴性菌、革兰阳性菌和真菌都具有较好的抑菌效果。

六、特殊注意事项

根据目标花生肽的功能活性来优化蛋白酶解反应工艺条件。在最优的工艺条件下才能得到高纯度和高活性的花生肽产品，从而避免非目标花生肽的干扰，降低花生肽的活性。

花生储藏和加工过程质量安全控制技术

一、技术背景意义

花生是主要油料作物之一，也是我国为数不多的出口农产品之一，然而花生中存在的质量安全问题危害人民健康且经常导致花生出口受阻，造成巨大经济损失。生物污染是影响花生质量安全的重要因素，主要包括大肠菌群的污染和黄曲霉毒素的污染。在储藏和加工过程中加强花生及制品的食品安全控制，才能提高花生产品质量。因而，加强对大肠菌群的污染和黄曲霉毒素的质量安全控制，对保障人民身体健康以及提高花生出口的国际竞争力具有重要意义。

二、关键问题与难点

提高花生储藏和加工过程中大肠菌群和黄曲霉毒素的快速检测技术，保障花生质量安全。

三、技术目标与要点

1. 技术目标

开展花生储藏和加工过程中大肠菌群和黄曲霉毒素的快速检测技术，有益于保障花生质量安全，达到高品质储藏和加工的目标。

2. 技术要点

（1）花生中大肠菌群的快速检测技术。在花生储藏加工的质量安全控制工作中，大肠菌群是食品安全中最为常用的指标之一。大肠菌群传统检测技术包括试管发酵技术和膜过滤技术，其中试管发酵技术得到广泛应用；酶活检测法具有特异性好、反应敏感快速的优点，但费用较高，并且无法检测出无法培养的菌群；纸片法是根据大肠菌群能分解乳糖的产物能与无色氯化三本四氮唑作用形成红色化合物使菌变红的原理进行检测，该方法快速省力，准确度高；免疫学法和分子生物学法能省去培养步骤，几个小时内快速检测大肠菌群；试剂盒法是大肠菌群质量安全检测方法中的一项突破，在花生储藏加工中发挥重要作用。

（2）花生中黄曲霉毒素快速检测技术。黄曲霉毒素具有强致癌性，很多国家对黄曲霉毒素含量都做出了苛刻的限定要求。薄层层析法是国内外检测花生中黄曲霉毒素含量的主要方法之一；高效液相色谱法能短时间高分辨地检测黄曲霉毒素；酶联免疫吸附法是根据酶和生化技术对黄曲霉毒素进行检测，基于酶联免疫原理开发的黄曲霉毒素试剂盒可以快速、方便地检测出花生中的黄曲霉毒素含量，在花生储藏加工中发挥重要作用。

四、适宜地区与条件

适用于全国各个花生产区和加工企业的花生中大肠菌群和黄曲霉毒素的快速检测，可以根据条件选择适合的检测技术。

五、实施事例与效果

利用上述技术在山东青岛市开展花生大肠菌群和黄曲霉毒素的检测，可以较快速地检测花生的质量安全。

六、特殊注意事项

花生中大肠菌群和黄曲霉毒素的快速检测技术有多种且各有优缺点，应根据样品实际情况和需求采用合适的检测技术。

花生秸秆饲料利用技术

一、技术背景意义

花生秸秆产量每年约 3 000 万 t。花生秸秆营养丰富，富含粗蛋白、粗脂肪、各种维生素及矿物质，而且适口性好，但近年来除少数利用外，大多数没有得到有效合理的开发利用。

大力发展花生秸秆生物饲料既可以缓解饲用蛋白资源短缺局面，又可以解决秸秆综合利用问题，大规模消耗秸秆的容量。促进花生秸秆的饲料化利用，有效资源的合理开发利用和循环农业的发展，具有重要的经济意义和生态效益。

二、关键问题与难点

针对不同畜禽对花生秸秆生物饲料的营养需求，研发不同花生秸秆饲料加工利用技术。

三、技术目标与要点

1. 技术目标

开展花生秸秆清洁收获技术，收获后加工利用技术形成生物饲料，达到花生秸秆资源高效利用目标。

2. 技术要点

（1）秸秆清洁收获技术。

①地膜选择：花生种植时选择 0.008mm 以上的地膜覆盖，防止地膜太薄，容易撕碎进入花生秸秆。

②刈割时期：秸秆提前 10d 收获，花生秸秆产量、粗蛋白和粗脂肪含量最高，且对花生荚果产量影响较小。收获时注意不要把地

膜混入。

秸秆刈割高度：留茬高度 3~5cm。

（2）加工利用技术。

①青贮：将新鲜的青绿多汁饲料在收获后直接或经适当的处理后，切碎、压实，密封于青贮窖内，在厌氧环境下，通过乳酸发酵而成，多汁、耐贮藏、可供家畜全年使用。

②黄贮：是相对于青贮而言的一种秸秆饲料发酵办法。利用干秸秆做原料，通过添加适量水和生物菌剂，压捆以后再袋装储存。

③微贮：秸秆粉碎，通过添加微生物（多为产生可以降解木质素的酶的微生物）的青贮和黄贮制作技术。其特点是消化率高，适口性强，营养价值得到了一定程度的改善。

④氨化处理：秸秆粉碎后，在原料中加入氨（多为尿素），利用其可以降解纤维素的作用，提高原料的适口性和消化率，以及蛋白质含量。

四、适宜地区与条件

本技术适宜于花生采收机械化程度较高的花生主产区。

五、实施事例与效果

2016 年山东省平邑县 30 万亩花生推广花生秸秆回收利用技术，让花生秸秆变废为宝成为畜禽饲料。避免了焚烧秸秆造成的环境污染，还为发展畜禽养殖提供充足的饲草，降低了养殖户的成本。

六、特殊注意事项

花生生产时可结合栽培技术，采取不覆膜或覆盖厚膜的方式种植，防止残膜混入饲料，影响畜禽的消化吸收。

花生高效晾烘技术

一、技术背景意义

收获的鲜花生含水量为 50% 左右，干燥不及时容易发生霉烂，休眠不好的花生会发芽，每年因干燥不及时而导致的花生产业损失量较大。干燥是保证花生品质和防止霉菌滋生的必要步骤，也是保障花生储藏品质和花生加工品质的重要步骤。因此，发展高效、经济、优质的晾烘技术是花生产业发展的需求，对保证花生品质具有重要意义。

二、关键问题与难点

避免收获的鲜花生因干燥不及时或阴雨天气造成的霉烂和发芽，影响花生品质。

三、技术目标与要点

1. 技术目标

收获的鲜花生采用多种方式的晾烘技术，有益于解决花生收获的因水分高容易霉烂和发芽的问题，达到及时干燥的目标。

2. 技术要点

（1）田间晾晒后摘果。鲜花生在干燥初期水分散失较快，因而可以先不摘果，使根和果朝向太阳，每天中午要将晒的花生进行翻转，使花生能充分地进行阳光照射，在田间晾晒 4d 左右，花生中含水量低于 10% 后摘果，然后储藏。

（2）摘花生后晾晒。直接在田间采摘新的花生果，然后及时将花生果转到晾晒场地，或者将未摘的花生直接运回晾晒场地，在晒场摘果。花生果在晾晒期间，每天翻动花生，当花生果晾晒到含水量低于10%后储藏。

（3）烘干花生。当阴雨天时或为节省干燥的时间，可以采用烘干机进行花生的干燥。先将花生果进行适当晾晒，然后转入到烘干设备中干燥。当花生果中含水量低于10%后储藏。

四、适宜地区与条件

技术适用范围广，适宜于黄淮海、东北、华南、西南、西北等全国花生主要产区。

五、实施事例与效果

在山东省莱西市开展花生的高效晾烘技术，可及时实现花生的干燥，解决了花生因水分高容易霉烂和发芽的问题。

六、特殊注意事项

在田间收获后运回晾晒场地后，花生堆垛不要太厚，使花生果朝外，预防发热损害，影响花生品质。

花生安全储藏技术

一、技术背景意义

花生是一类高脂肪和高蛋白的农产品，容易吸潮、滋生霉菌。如果储藏中花生达到霉菌等微生物生长的条件，花生就可能会出现霉变，出现黄曲霉毒素污染。因为黄曲霉毒素具有强毒性、强致癌性、强致畸性，所以发生霉变将严重损害花生的应用价值，影响食品安全，危害人民健康，严重影响花生的出口。因此，采取有效措施防控储藏的花生中霉菌滋生，对保障花生的食品安全、保障人民身体健康具有重要意义。

二、关键问题与难点

解决花生储藏期间黄曲霉等霉菌容易滋生，影响花生的品质等问题。

三、技术目标与要点

1. 技术目标

储藏的花生包括花生果和花生仁两类。开展花生果和花生仁的安全储藏技术，有益于解决花生果和花生仁储藏中霉菌等微生物滋生产生黄曲霉毒素的问题，达到安全高品质保存的目标。

2. 技术要点

（1）花生果储藏。鲜花生果含水量为50%左右，为确保花生果的安全储藏，要尽快将花生晒干至含水量10%以下。选一干燥、通风的房间，将地面和墙壁打扫干净，在地面上架空铺上木板，铺上塑料膜，将塑料编织袋装的花生堆上，堆高在2m以内，用塑料膜把周围封起来。如果只是短期储藏，只需要保持干燥和通风；长期保存，不要通风储藏，用塑料膜完全封闭，使花生果与外界完全隔开，保证花生果干燥。花生果储藏期间，应定期检查，以防止吸潮、发霉、鼠咬。

（2）花生仁储藏。花生仁在储藏时，要求水分不要超过8%，密闭保存防治虫害的发生，保持干燥（空气相对湿度≤75%）、储藏温度5~10℃的环境，这样才能预防霉菌的滋生，保障花生仁的品质。

四、适宜地区与条件

该技术适宜于黄淮海地区（山东、河南、河北、安徽等省）和东北地区花生的储藏；适宜储藏所有花生种类。

五、实施事例与效果

在山东省莱西市开展花生果和花生仁的储藏，在干燥、低温、密闭的条件下可有效防止花生中黄曲霉等霉菌的滋生。

六、特殊注意事项

不宜使用塑料袋储藏花生。用塑料袋储藏花生会导致空气不流通，花生因无氧呼吸而导致胚中毒，并且产生的热量和水分不能散出，从而导致花生发热霉变。

第 九 章
花生优质高效品种介绍

花生品种发展变化总体概况

新中国成立后，我国农业发展受到重视，花生育种研究工作也取得了显著进展。20世纪50年代，全国范围内开展了大规模的农家品种普查、搜集整理和筛选鉴定工作，评选出30多个优良的农家品种，实现了花生品种的第一次更新。

随着花生系统育种、杂交育种和诱变育种的开展，20世纪70年代末，选育出徐州68-4、花17、花11、粤油551、天府3号、开农8号等百余个花生新品种，实现了第二次品种更新。20世纪80年代，随着海花1号、白沙1016、鲁花4号、豫花1号、粤油116等60余个品种的育成推广，实现了第三次品种更新。20世纪80年代末至90年代初，随着鲁花9号、8130、中花3号、豫花3号、粤油256、徐花5号等60余个品种的育成推广，实现了花生品种的第四次更新。进入21世纪，针对市场需求，培育出高产油用型花生豫花15号、远杂9102、中花8号等，优质加工花生花育17号、天府15号、天府18号等，高产出口专用花生花育20号、花育22号、花育23号等，高蛋白质含量花生豫花8号、豫花10号等专用型花生新品种，实现了花生品种的第五次更新。随着社会发展，为满足人们对健康饮食的需求，高油酸花生新品种将逐步替代普通油酸品种，可称为花生品种的第六次更新。

目前，全国优良品种普及率已达到95%以上。花生的育种目标从以高产为主，逐渐转向以高产兼顾优质、专用方向发展。花生产业的发展方向将是培育高产高效优质的主导品种。在此重点介绍几个近20年以来育成、审定（鉴定或登记）并在生产上广泛应用的高产、高效和优质类型花生新品种。

花生高产高效品种

高产与高效是花生品种培育的重要方面。以下介绍一些品种具有高产特性，产量一般比对照品种增产 8% 以上；部分品种具有或兼具节省种植成本，高效固氮、耐缺铁、耐低磷等高效营养特性。

一、花育 20 号

【品种来源】以 8644-6 为母本，伏旱 1 （鲁花 12 号）为父本，杂交选育而成。

【特征特性】早熟直立"旭日型"出口小花生品种，夏播生育期 114d 左右。疏枝型，株丛矮且直立，叶色浓绿，连续开花。荚果普通形，百果重 173.8g，百仁重 68.6g，出仁率 73.3%。籽仁脂肪含量 53.72%，蛋白质含量 27.7%，油酸/亚油酸比值（O/L 值）1.51。

【产量表现】2000—2001 年在全国（北方片）夏播出口小花生组品种区试中，平均亩产荚果 224.76kg，较对照白沙 1016 增产 15.18%；籽仁 164.21kg，比对照白沙 1016 增产 19.71%，均居首位。2001 年生产试验平均亩产荚果 258.12kg，籽仁 188.63kg，分别较对照白沙 1016 增产 15.16% 和 15.29%，均居首位。

【技术要点】播种密度：春播每亩 1.0 万~1.1 万穴，夏播每亩 1.1 万~1.2 万穴，每穴 2 粒为宜。其他管理措施同一般大田。

【适宜地区】适于在山东、河南、河北、安徽、辽宁、江苏等小花生产区种植。

二、花育 23 号

【品种来源】以 R1 （8124-19-1/"兰娜"）为母本，ICGS37

为父本，杂交选育而成。

【特征特性】疏枝型直立小花生，生育期 129d。百果重153.7g，百仁重 64.2g，出仁率 74.5%。籽仁脂肪含量 53.1%，蛋白质含量 22.9%，O/L 值 1.54。

【产量表现】2002—2003 年参加山东省花生品种区域试验和生产试验，两年区试 22 个点平均亩产荚果 312.6kg，籽仁 234.0kg，分别比对照鲁花 12 号增产 13.5% 和 16.0%，居参试品种首位。生产试验平均亩产荚果 281.5kg，籽仁 211.7kg，分别比对照鲁花 12 号增产 21.5% 和增产 24.8%，居参试品种首位。2003 年参加全国北方片区域试验，14 个点平均亩产荚果 273.9kg，比对照鲁花 12 号的 216.1kg 增产 26.71%。籽仁平均亩产 199.4kg，比对照鲁花 12 号的 156.24kg 增产 27.62%，居参试品种的第一位，表现出良好的适应性。

【技术要点】适时早播，春播每亩 1.0 万~1.1 万穴，夏播每亩 1.1 万~1.2 万穴，每穴 2 粒。其他管理措施同一般大田。

【适宜地区】适于在山东、河南、河北、安徽、辽宁、江苏等小花生产区种植。

三、花育 25 号

【品种来源】以鲁花 14 号为母本，花选 1 号为父本，经杂交选育而成。

【特征特性】生育期 129d 左右。株型直立，疏枝，叶色绿，连续开花。荚果近普通形，籽仁粉红色。百果重 239g，百仁重98g，出仁率 73.5%。籽仁脂肪含量 48.6%，蛋白质含量 25.2%，O/L 值 1.09。

【产量表现】在 2004—2005 年山东省花生新品种大粒组区域试验中，平均荚果产量每亩 319.79kg，籽仁产量每亩 232.49kg，分别比对照鲁花 11 号增产 7.28% 和 9.43%。2006 年参加生产试验，平均荚果产量每亩 327.6kg，籽仁产量每亩 240.9kg，分别比对照鲁花 11 号增产 10.9% 和 12.2%。2009 年辽北地区花生品种比较试验，荚果产量每亩 224kg，比对照白沙 1016 增产 24%。

【技术要点】播种密度春播地每亩 0.9 万~1.1 万穴，麦套和夏播每亩 1.1 万~1.2 万穴，每穴 2 粒。其他管理措施同一般大田。

【适宜地区】适宜在山东、河南、河北、安徽、辽宁大花生产区春、夏季种植。

四、花育 36 号

【品种来源】以花选 1 号为母本，95-3 为父本，经杂交选育而成。

【特征特性】春播生育期 127d，株型直立，叶片长椭圆形、绿色，连续开花，花色橙黄。荚果普通形，籽仁椭圆形、深粉色。百果重 270.05g，百仁重 107.95g，出仁率 74.18%。籽仁含油量 51.14%，蛋白质含量 26.08%，油酸含量 43.1%，亚油酸含量 35.5%，O/L 值 1.21。

【高效表现】高产耐盐碱。2014 年在山东东营盐碱地花生每亩产量达 396.4kg；2017 年山东聊城大蒜茬夏花生和盐碱地麦后夏直播每亩产量分别达到 562.6kg 和 506.53kg。

【技术要点】适宜密度为春播每亩 0.9 万~1.0 万穴，夏播每亩 1.1 穴左右，每穴两粒。其他管理措施同一般大田。

【适宜地区】适宜在北方大花生产区春、夏季种植。

五、花育 50 号

【品种来源】以中锋为母本，核桃-1（LZH）为父本，杂交选育而成。

【特征特性】春播生育期 130d，中间型大花生。荚果普通形，籽仁长椭圆形，种皮粉红色，内种皮淡黄色，连续开花。百果重 265.0g，百仁重 103.0g，出仁率 70.0%。蛋白质含量 25.47%，脂肪含量 49.67%，油酸含量 45.5%，亚油酸含量 32.6%，O/L

值 1.4。

【产量表现】在 2010—2011 年山东省大花生品种区域试验中，两年平均亩产荚果 318.7kg、籽仁 223.7kg，分别比对照丰花 1 号增产 10.0%和 11.4%；2012 年生产试验平均亩产荚果 371.0kg、籽仁 266.4kg，分别比对照花育 25 号增产 12.1%和 9.4%。

【技术要点】春播地每亩 0.9 万~1.0 万穴；麦套和夏播 1.0万~1.1 万穴，每穴 2 粒。其他管理措施同一般大田。

【适宜地区】适于北方大花生产区种植。

六、山花 8 号

【品种来源】（白沙 1016×NC6）F_1 经 ^{60}Co γ 射线 168Gy 辐照处理选育。

【特征特性】生育期 125d 左右。株型直立紧凑，疏枝，连续开花型。叶片椭圆形，叶色浅绿色。荚果蜂腰形，籽仁圆形，种皮浅红色，内种皮浅黄色，百果重 178.3g，百仁重 72.8g，出仁率73.7%。籽仁蛋白质含量 28.5%，脂肪含量 47.9%，油酸含量44%，亚油酸含量 37%，O/L 值 1.18。

【产量表现】2004—2005 年山东省花生新品种小粒组区域试验中，平均荚果产量每亩 289.9kg，籽仁产量每亩 210.6kg，分别比对照鲁花 11 号增产 14.09%和 13.71%。2006 年参加生产试验，平均荚果产量每亩 280.6kg，籽仁产量每亩 207.2kg，分别比对照鲁花 11 号增产 12.2%和 12.7%。

【技术要点】适宜种植密度为每亩 1.0 万~1.1 万穴，每穴播 2粒。其他管理措施同一般大田。

【适宜地区】适于在山东小花生产区种植。

七、潍花 8 号

【品种来源】以（79266x鲁花 11 号）F_1 与鲁花 11 号回交。

【特征特性】普通型早熟大花生。春播生育期 125~130d，夏播 100d 左右。荚果普通形，籽仁椭圆形、粉红色，百果重 230g，百仁重 96g 左右，出仁率 77%~80.6%。籽仁脂肪含量 52.7%，O/L 值 1.71，含糖量 7.4%。

【产量表现】2000—2001 年山东省区试，平均亩产荚果 346.66kg、籽仁 256.69kg，分别比鲁花 11 号增产 13.0% 和 14.41%，居参试品种第一位；2002 年山东省生产试验，平均亩产荚果 376.89kg、籽仁 281.47kg，分别比鲁花 11 号增产 10.1%、12.51%。2002—2003 年全国（北方片）区域试验，荚果、籽仁分别比鲁花 11 号增产 8.67%、15.84%；生产试验荚果、籽仁分别比鲁花 11 号增产 9.67%、13.45%，均居第一位。

【技术要点】春播种植密度每亩 0.9 万穴左右，夏播种植密度每亩 1.1 万穴。其他管理措施同一般大田。

【适宜地区】适宜山东花生产区推广利用。

八、冀花 4 号

【品种来源】以 88-8 为母本，8609 为父本，杂交选育而成。

【特征特性】春播生育期 120~130d，夏播 110d 左右。疏枝型中小果花生，具有高产、高油、抗病、抗逆、适应性强等突出特点。株型紧凑直立，叶片椭圆形，连续开花。荚果普通形，籽仁粉红色，桃圆形，百果重 187g，百仁重 80g，出仁率 75.6%。平均脂肪含量 57.65%，O/L 值 1.31。

【产量表现】2002—2003 年参加河北省春花生区域试验，荚果平均亩产 350.6kg，籽仁平均亩产 264.9kg，分别比对照种冀花 2 号增产 13.9% 和 19.6%，增产极显著。2003—2004 年参加全国北方片花生区域试验，荚果平均亩产 238.85kg，籽仁平均亩产 176.44kg，分别比对照种鲁花 12 号增产 13.6% 和 16.0%。2005 年参加全国北方片花生生产试验，荚果平均亩产 287.01kg，籽仁平均亩产 213.63kg，分别比对照种鲁花 12 号增产 14.34% 和 15.48%。

【技术要点】适宜密度范围为每亩 1.1 万~1.3 万穴（2.2 万~2.6 万株）。其他管理措施同一般大田。

【适宜地区】适宜在河北、山东两省及河南中北部、江苏北部花生主产区春播和麦套种植。

九、天府 23 号

【品种来源】以 963-4-1 为母本，中花 8 号为父本，杂交选育而成。

【特征特性】生育期春播 125d，夏播 110d 左右。直立中间型，连续开花，疏枝。叶片长椭圆形、绿色，荚果普通形，籽仁圆锥形，种皮浅红色。百果重 194.2g，百仁重 81.6g，出仁率 72.7%。籽仁脂肪含量 52.74%，蛋白质含量 25.39%，油酸含量 53.6%，O/L 值 2.07。

【产量表现】2008 年参加长江流域片花生品种区域试验，平均亩产荚果 367.50kg，比对照中花 4 号增产 18.90%。2009 年续试，平均亩产荚果 302.15kg，比对照增产 19.55%。两年平均亩产荚果 334.83kg，比对照中花 4 号增产 19.23%。2009 年参加长江流域片生产试验，平均亩产荚果 271.48kg，比对照中花 4 号增产 13.93%。

【技术要点】春播每亩 1.0 万穴，夏播 1.2 万穴左右，双粒穴播。其他管理措施同一般大田。

【适宜地区】适宜在四川、重庆、湖北、湖南、江西、河南南部、江苏南部等花生适宜地区种植。

十、花育 917

【品种来源】以开农 17-6 为母本，河北高油为父本，经杂交选育而成。

【特征特性】春播生育期 135d 左右。株型小匍匐，叶片倒卵形，叶色绿。连续开花，花橘黄色。荚果普通形，种仁椭圆形，种皮粉红色，百果重 278g，百仁重 96g。籽仁脂肪含量 55.8%，蛋白质含量 20.3%，油酸含量 77.7%，亚油酸含量 6.62%，O/L 值 11.7。

【高效表现】2017 年在高密井沟镇 120 亩单粒稀播示范中，经张新友院士带队的专家验收组测产验收，每亩实收 6 333 株，平均亩产 543.49kg，节约生产成本 218 元，增产 110kg，增效 600 元以上。

【技术要点】春播时间为 5 月上旬，不宜早播。适宜播种密度为每亩 6 000~7 000 穴，每穴 1 粒。单垄种植，垄距 60cm 左右，株距 16cm 左右。其他管理措施同一般大田。

【适宜地区】适宜在北方大花生产区春播种植。

十一、远杂 9102

【品种来源】以白沙 1016 为母本，野生花生 *A. chacoense* 为父本，F₁ 经染色体加倍成为六倍体，后经连续自交和系统选育而成。

【特征特性】珍珠豆型品种，夏播生育期 100d 左右。植株直立疏枝，连续开花，叶片倒卵形，深绿色。荚果茧形，籽仁球形，种皮浅红色，内种皮白。百果重 165g 左右，百仁重 66g 左右，出仁率 74% 左右。籽仁蛋白质含量 24.15% 左右，脂肪含量 57.4% 左右。

【高效表现】据农业农村部油料作物遗传改良重点开放实验室自然病圃和人工接种鉴定，高抗青枯病；固氮能力强，达到 1 级。据河南省农业科学院植物保护研究所鉴定，抗叶斑病、锈病、病毒病。抗旱性强，耐瘠薄。

【技术要点】适用于河南省麦后直播种植方式，适宜播种密度每亩 1.2 万~1.4 万穴，每穴 2 粒，其他管理措施同一般大田。

【适宜地区】适宜在河南、河北、山东、安徽等省种植。

十二、中花 12 号

【品种来源】以唐 92918 为母本，ICGV86699 为父本，经杂交选育而成。

【特征特性】生育期 123d，株型直立紧凑，连续开花，小叶椭圆形、叶色深绿，花冠橘黄色、中大，单株结果数 23 个。荚果斧头形，种仁桃形，种皮颜色鲜红，百果重 155.0g，百仁重 64.7g，出仁率 72.2%。籽仁脂肪含量 56.19%，蛋白质含量 25.74%。

【高效表现】具有营养高效和耐缺铁的特性，在肥力较低的土壤上也能获得较高产量。2003—2004 年参加湖北省花生新品种区域试验，两年平均产量为每亩 278.7kg，高产栽培试验产量每亩 320～460kg。

【技术要点】春播每亩 0.8 万～1.0 万穴，夏播 1.0 万穴左右，双粒穴播。其他管理措施同一般大田。

【适宜地区】适宜在湖北省襄阳、荆州、武汉、黄冈地区，非青枯病区春季和夏季种植。

十三、天府 22

【品种来源】以 963-4-1 为母本，中花 8 号为父本，经杂交选育而成。

【特征特性】生育期春播 125d、夏播 110d 左右。珍珠豆型早熟小粒品种，连续开花，叶片椭圆形，深绿色。籽仁桃形，种皮浅红或粉红色。百果重 143g，百仁重 62g，出仁率 77% 左右。籽仁脂肪含量 54.8%，蛋白质含量 26.58%，油酸含量 48.6%，O/L 值 1.59。

【高效表现】在瘠薄旱坡地和肥沃良田均具有良好适应性。2008—2009 年四川省区域试验荚果亩产 343.23kg 和 279.43kg，比对照天府 14 号增产 6.90% 和 13.31%；籽仁亩产 271.07kg 和 216.62kg，比对照增产 6.01% 和 13.40%。高产示范亩产 450kg 左右，具有亩产 500kg 潜力。

【技术要点】春播每亩 1 万穴左右，夏、秋播每亩 1.1 万穴左右，双粒穴播。其他管理措施同一般大田。

【适宜地区】除青枯病发生区域外，在四川、重庆花生产区均能适应。

花生抗病虫品种

花生抗病虫品种是具有抗叶斑病、青枯病、锈病、线虫病、黄曲霉等抗性的品种，减少种植过程中农药的使用，减少花生在生产和加工中的黄曲霉毒素污染。

一、花育 963

【品种来源】以 06-I8B4 为母本，高油酸花生突变体 CTWE 为父本，杂交选育而成。

【特征特性】春播生育期 120d。株型直立，叶片椭圆形。荚果普通形，籽仁长椭圆形，内种皮金黄色。百果重 246.7g，百仁重 105.0g，出仁率 73.8%。籽仁油酸含量 80.1%，亚油酸含量 3.2%，O/L 值 25.03。

【抗性表现】2017 年在广西贺州青枯病自然病地种植，出苗率 88.00%，5 月上旬出现青枯病，田间存活率达 87.41%，表现为抗病。在广东湛江抗虫试验结果显示，该品种对叶蝉和斜纹夜蛾表现中抗。

【技术要点】春播播种时间为 5 月上旬，不宜早播。播种密度每亩 1 万穴，每穴 2 粒。不抗烂果，注意避开涝洼地块种植。

【适宜地区】适宜北方大花生产区种植。

二、日花 1 号

【品种来源】以鲁花 3 号为母本，花选 1 号（花育 16 号）为父本，经杂交选育而成。

【特征特性】春播生育期 130d，株型紧凑，疏枝型，连续开花。荚果普通形，籽仁椭圆形，种皮粉红色，百果重 253.6g，百仁重 101.3g，出仁率 73.2%。蛋白质含量 25.6%，脂肪含量 50.5%，油酸含量 41.2%，亚油酸含量 37.6%，O/L 值 1.11。

【抗性表现】2007 年经农业部（现农业农村部）油料作物遗传改良重点开放实验室抗病性鉴定为高抗青枯病。经山东省花生研究所抗病性鉴定为网斑病病情指数 47.7%，褐斑病病情指数 14.3%。

【技术要点】适宜种植密度每亩 8 500~9 000 穴，每穴 2 粒，其他管理措施同一般大田。

【适宜地区】适宜山东花生产区推广利用。

三、远杂 9307

【品种来源】以白沙 1016 为母本，以（福青×*A. diogoi*）F$_2$ 为父本，杂交选育而成。

【特征特性】珍珠豆型品种，夏播生育期 110d。植株直立，连续开花，叶片椭圆形，中绿色。荚果茧形，籽仁球形，浅红色，内种皮白色。百果重 183g 左右，百仁重 75g 左右，出仁率 74% 左右。籽仁蛋白质含量 26.52%，脂肪含量 54.07%，油酸含量 40.4%，亚油酸含量 39.6%，O/L 值 1.02。

【抗性表现】据农业农村部油料作物遗传改良重点开放实验室自然病圃和人工接种鉴定为高抗青枯病。据河南省农业科学院植物保护研究所鉴定为抗叶斑病、锈病、病毒病，抗旱性强。

【技术要点】夏播一般不晚于 6 月 10 日。种植密度以每亩 1.2 万~1.4 万穴、每穴 2 粒为宜。其他管理措施同一般大田。

【适宜地区】主要适宜于河北、山东、河南夏播花生区及长江流域部分地区种植，在青枯病为害较重的地区，尤其能发挥其抗病优势。

四、中花 6 号

【品种来源】以鄂花 3 号为母本，台山珍珠为父本杂交育成。

【特征特性】春播 123d 左右，夏播 110d 左右。株型直立紧凑，连续开花。小叶椭圆形，荚果普通形，籽仁椭圆形，种皮浅红色。百果重 135.2g，百仁重 57.2g，出仁率 73.6%。籽仁蛋白质含量 28.45%，脂肪含量 54.16%。

【抗性表现】高抗青枯病，抗性率 93.8%；兼抗矮化病毒和叶斑病；人工接种下的黄曲霉毒素显著低于同类抗青枯病品种；抗旱性强。

【技术要点】适合一年二熟栽培，既能春播又能夏播。旱地春播每亩播种 1.0 万穴，旱地或水田的地膜栽培每亩播种 0.9 万穴左右，每穴 2 粒；夏播每亩播种 1.1 万穴，每穴 2 粒。其他管理措施同一般大田。

【适宜地区】适于湖北省及周边地区青枯病发生地种植。

五、粤油 114

【品种来源】{[汕油 27×(粤油 116×印度花皮)F$_2$]F$_6$×粤油 116}F$_1$×[汕油 27×(粤油 116×印度花皮)F$_2$]，杂交选育。

【特征特性】生育期 126d，直立珍珠豆型，连续开花，叶片大小中等，叶色绿。百果重 182.6g，出仁率 67.2%。籽仁脂肪含量 51.6%，蛋白质含量 27.61%。

【抗性表现】叶斑病自然发病级数 2.3 级，属高抗级；锈病自然发病级数 2.4 级，属高抗级；青枯病人工接种，抗性率 86.5%，属高抗水平。

【技术要点】适时播种，春植在惊蛰前后，秋植在立秋前后播种较为适宜。合理密植，每亩播种 1.8 万~2.0 万株为宜。其他管理措施同一般大田。

【适宜地区】广东省水田和旱坡地春、秋季种植。

花生优质品种

鉴于高油酸花生的保健价值和耐储存特性，花生优质育种的一个重要指标就是高油酸，具体又可根据用途归纳为油用型、食品加工和出口专用3种。目前，高油酸花生种子的标准定为油酸含量75%以上，高油酸花生原料和制品的标准定为油酸含量73%以上。同时，油用型花生要求脂肪含量达到55%以上。食用与食品加工用花生的品质以籽仁蛋白质含量、糖分含量和口味为主要指标，一般要求蛋白质含量达到30%以上，含糖量6%以上，同时考虑低脂肪。出口专用花生的品质以荚果和籽仁形状、果皮和种皮色泽、整齐度等，以及O/L值、口味为主要指标。

一、花育910

【品种来源】以F20为母本，河北高油为父本，杂交选育而成。

【特征特性】中间型中早熟品种，生育期126d。株型直立，连续开花。叶片长椭圆形，叶色深绿，花橙黄色。荚果普通形，籽仁椭圆形，种皮粉红色。百果重282g左右，百仁重112g左右。籽仁脂肪含量54.05%，蛋白质含量26.49%。

【优质表现】高产高油酸品种，油酸含量80.76%，亚油酸含量5.05%，O/L值15.96。

【技术要点】春播播种时间为5月上旬，不宜早播，播种密度每亩0.9万~1.0万穴，每穴2粒。其他管理措施同一般大田。

【适宜地区】适宜于北方大花生产区种植。

二、花育 51 号

【品种来源】 以鲁花 15 号为母本，P76 为父本，杂交选育而成。

【特征特性】 早熟小花生品种，山东春播生育期 125d。株型直立，连续开花。叶色绿。荚果近茧形，籽仁无裂纹，种皮粉红色。百果重 173.75g，百仁重 64.45g，出仁率 74.18%。籽仁脂肪含量 51.9%，蛋白质含量 25.8%。

【优质表现】 高产高油酸品种，油酸含量 80.31%，亚油酸含量 3.36%，O/L 值 23.92。

【技术要点】 春播密度 1.1 万穴/亩，每穴 2 粒。建议在连续 5 日 5cm 日均地温在 18℃以上种植，以免遭遇低温导致烂种。其他管理措施同一般大田。

【适宜地区】 适宜于北方花生产区种植。

三、花育 961

【品种来源】 以 06-I8B4 为母本，CTWE 为父本杂交选育而成。

【特征特性】 生育期 120d。株型直立，荚果茧形，籽仁桃圆形，种皮粉红色。主茎高 45.0cm，侧枝长 48.0cm。结果枝数 8 条，百果重 235.0g，百仁重 92.8g，出仁率 80.0%。

【优质表现】 高油酸品种，油酸含量为 81.2%，亚油酸含量 3.3%，O/L 值 24.6。果柄坚韧不落果，是一个适合机械化收获的花生新品种。

【技术要点】 春播密度每亩 1 万穴，每穴 2 粒。建议在连续 5 日 5cm 日均地温在 18℃以上种植，以免遭遇低温导致烂种。其他管理措施同一般大田。

【适宜地区】 适宜于北方花生产区种植。

四、潍花 23 号

【品种来源】以花育 23 号为母本，F18 为父本杂交选育而成。

【特征特性】早熟高油高油酸小花生，生育期 120d。株型直立，叶片长椭圆形、深绿色，连续开花，花冠黄色，荚果普通形，籽仁柱形、粉红色。百果重 165.13g，百仁重 68.75g，出仁率 73.38%。籽仁脂肪含量 56.25%，蛋白质含量 22.5%。

【优质表现】高产高油酸品种，油酸含量 80%，亚油酸含量 3.31%，O/L 值 24.2。

【技术要点】适宜种植密度每亩 1.1 万~1.2 万穴，每穴 2 粒。其他管理措施同一般大田。

【适宜地区】山东、河南、河北、辽宁小花生产区春季种植。

五、冀花 16 号

【品种来源】以冀花 6 号为母本，开选 01-6 为父本杂交选育而成。

【特征特性】生育期 129d。株型直立，叶片长椭圆形、绿色，连续开花，花色橙黄，荚果普通形，籽仁椭圆形、粉红色。百果重 207.4g，百仁重 87.8g，出仁率 72.59%。籽仁脂肪含量 54.14%，蛋白质含量 23.51%。

【优质表现】高产高油酸品种，油酸含量 79.25%，亚油酸含量 3.85%，O/L 值 20.6。

【技术要点】适宜种植密度范围为每亩 1.0 万~1.1 万穴（2.0万~2.2 万株）。其他管理措施同一般大田。

【适宜地区】适宜在河北、河南、山东、江苏、安徽、辽宁、四川、贵州、湖北（红安除外）、江西花生产区春播种植。

六、花育 22 号

【品种来源】用 8014 品系为母本，$^{60}Co\gamma$ 射线 250Gy 辐照海花 1

号干种子 M$_1$ 代为父本，辐射与杂交相结合，系谱法选育而成。

【特征特性】春播生育期 130d 左右。株型直立，疏枝。主茎高 35.6cm，侧枝长 40.0cm，总分枝数 9 条。单株结果数 13.8 个，单株生产力 18.8g。荚果普通形，出仁率 71.0%。

【优质表现】荚果与籽仁品质均符合传统出口的普通型大花生标准，为出口专用型品种。荚果果腰明显，百果重 250g 左右。籽仁椭圆形，种皮粉红色，内种皮金黄色，百仁重 110g 左右。籽仁脂肪含量 49.2%、蛋白质含量 24.3%、O/L 值 1.71。

【技术要点】种植密度春播每亩 0.9 万~1.0 万穴，每穴 2 粒。其他管理措施同一般大田。

【适宜地区】适宜于山东、河北、江苏以北等大花生产区推广利用。

七、珍珠红 1 号

【品种来源】（湛油 12×狮油红 4 号）F$_1$×湛油 12，杂交选育。

【特征特性】珍珠豆型。食用、鲜食。全生育期 124d。株型直立，连续开花，疏枝。株果数 12.0 个，饱果率 80.8%，双仁果率 82.2%，百果重 173.3g，出仁率 68.0%。

【优质表现】种衣鲜红，白藜芦醇含量明显高于一般高产栽培种，种皮和子叶白藜芦醇含量分别达到 9.2μg/g 和 9.3μg/g，可作为保健型花生品种。

【技术要点】春植在惊蛰前后，秋植在立秋前后播种较为适宜。合理密植，每亩播种 1.9 万~2.0 万株为宜。其他管理措施同一般大田。

【适宜地区】广东省水田和旱坡地春、秋季种植。

八、徐花 9 号

【品种来源】以 7920-79（徐花 3 号 × 71/6-4-11）为母本，鲁花 6 号为父本杂交育成。

【特征特性】春播生育期122d左右，夏播102~106d。株型直立，连续开花。小叶片为椭圆形、深绿色，花冠黄色、大小中等。荚果普通形，籽仁椭圆形，种皮粉红色，内种皮浅黄色。百果重195.5g，百仁重82.0g。出仁率夏播72.8%，春播77.1%。

【优质表现】高产高油品种，籽仁脂肪含量56.89%，蛋白质含量23.07%。

【技术要点】种植密度春播每亩0.9万穴左右，夏播每亩1.1万穴左右，每穴2粒。其他管理措施同一般大田。

【适宜地区】适宜在苏皖淮北及周边地区、中上等肥力地块夏花生种植。

第十章

花生优质高效农资产品介绍

花生新型专用肥产品

"庄稼一枝花，全靠肥当家"，肥料的分类很多，依据施用时期和施肥方法的不同可分为种肥、基肥、叶面肥等，以下介绍几种花生肥料。

1. 花生种肥

为满足花生苗期对养分的要求，播种时将肥料施于种子附近或与种子混播供给花生生长初期所需的养料。

特点：接近种子、供肥集中、利用率高。

2. 有机无机复混肥

依据肥效的快慢可分为速效肥料和缓效肥料。速效肥料施入土壤后，见效很快；缓效肥料施入土壤后，要经过释放、转化等过程，才能见效，但肥效持久。

特点：有机无机复混肥综合了有机肥长效、缓释的特点和无机肥快速、直接的特点，能迅速且持续补充花生生长所必需的营养元素，防止早衰，提高花生产量和品质。如普通复合肥配施腐熟的动物粪便或秸秆可防止花生早衰，提质增效。

3. 生物菌肥

生物菌肥又称微生物肥料，是农业生产中常用肥料的一种，其发展经历了根瘤菌剂、细菌肥料、微生物肥料3个阶段。微生物肥料的作用主要靠它含有的大量有益微生物的生命活动来完成。

特点：活体肥料、绿色环保、生态效益高，但受环境影响较大。如用根瘤菌接种花生可提高共生固氮效能，增产增效。

4. 土壤调理剂

土壤调理剂根据功能可分为调酸碱、调土壤结构、调节中微量元素等种类。根据不同区域土壤理化性质和作物的需肥特点，将氮、磷、钾和中微量元素等营养物质进行科学配比，研发适宜该区域土壤调理剂。

特点：针对性强、效果明显。如针对酸性土壤施入间接化学肥料生石灰，可以调节土壤 pH 值，又可以补充花生生长所需的钙元素，防治花生空果、秕果，提高荚果饱满度和出仁率。

5. 控释肥料

控释肥料属于缓效肥料，是指肥料的养分释放速率、数量和时间是由人为设计的，是一类专用型肥料，其养分释放动力得到控制，按需供应养分，控制养分释放的因素一般受土壤的湿度、温度、酸碱度等影响，控制释放的手段最易行的是包膜方法，可以选择不同的包膜材料，包膜厚度以及薄膜的开孔率来达到释放速率的控制。

特点：肥料利用率高，省工省时，提质增效，但成本高。如一次性施用花生专用控释肥可按需满足花生整个生长季对养分的需求。

6. 气体肥料

在生育盛期和成熟期，特别是设施农业（如日光温室、塑料大棚等），由于空间密闭，二氧化碳得不到补充，作物光合作用受到抑制，因而除设有温度、湿度的自控调节设施外，还有二氧化碳自动发生器，及时补充二氧化碳。

特点：成本高，多用于设施农业和大田作物高产创建。如花生高产创建田施用碳酸氢铵，除供氮肥外，还可补充二氧化碳，增产提质。

7. 叶面肥料

叶面施肥是植物吸收营养成分的一种补充，来弥补根系吸收养分不足。

特点：吸收快、作用强、用量省，但叶面施肥不能代替土壤施肥。如花生生长荚果期喷施磷酸二氢钾可以补充根部施肥的不足，提高花生产量。实时叶面喷施钙、铁、镁等中微量元素可显著改善花生生长状况，改善花生品质。

花生节水设施设备产品

随着农业机械化的推广和智慧农业的发展，现代农业节水灌溉设备更新日新月异，针对不同地域耕地特点和水资源供给情况，微喷、微灌、渗灌等节水设备在不断的改良中得到了大面积推广。以下介绍几种花生节水设备。

1. 微喷

微喷是在低压水的作用下，利用低压水泵和管道系统等输水设备，通过特别设计的微型雾化喷头把水喷射到空中，并散成细小雾滴，洒在花生枝叶上的一种灌水方式。

特点：微喷的工作压力低，流量小，既可以增加土壤水分，又能提高空气湿度，起到调节局部小气候的功效，花生从苗期到成长收获期全过程都适用。适应于地形复杂的区域应用。

2. 微灌

微灌是通过低压管道系统与安装在末级管道上的特制灌水器将水和作物生长所需的水和养分以较小的流量均匀、准确地直接输送到花生根部附近的土壤表面或土层中，使花生根部的土壤经常保持在最佳水、肥、气状态的灌水方法。

特点：灌水流量小，一次灌水延续时间长，周期短，需要的工作压力较低，能够较精确地控制灌水量，把水和养分直接输送到花生根部附近的土壤中，满足花生生长发育之需要。

3. 渗灌

微灌的一种，渗灌是微灌系统尾部灌水器为一根埋入地表下30~40cm 特制的毛管，低压水以渗流的形式湿润花生根系周围土壤。

特点：减小土壤表面蒸发，是用水量最省的一种微灌技术，适合干旱地区和淡水资源紧张地区。

4. 滴灌

微灌的一种，滴灌是微灌系统将有一定压力的水通过尾部的滴头或滴灌带以滴状形式滴入花生根部进行灌溉的方法。

特点：省水、省工，是实现肥料按需供给的可行性途径之一。

5. 微喷灌

微灌的一种，微喷头将具有一定压力的水以细小的水雾喷洒在花生叶面或根部附近的土壤表面。有固定式和旋转式两种。前者喷射范围小；后者喷射范围大，水滴大，安装间距也大。

特点：不受地形限制，较传统灌水技术省时、省力、省水。

6. 水肥一体化

水肥一体化技术是当今世界公认的一项高效控水节肥的农业新技术，改变了传统的灌溉施肥模式。花生水肥一体化技术是指通过实时采集的花生生长环境参数和生育信息参数来构建模型，从而智能决策花生的水肥需求，并配套施肥系统，实现水肥一体精准施入，有效提高水分和肥料的利用率。

特点：可实现水肥按需同步供给，省时省工，符合智慧农业和AI农业的发展导向。

花生高效管理机械产品

农业的根本出路在于机械化，农机农艺结合使农业生产效率、质量、效益大幅提升，以下介绍几种花生机械设备。

1. 一体化播种机

花生一体化联合播种机实现起垄、施肥、播种、喷药、铺管、镇压、覆膜的一次性作业，适宜平原地区和丘陵平整开阔的区域。如某一新型花生联合播种机，包含4部分装置，分别为施肥装置、播种装置、喷药装置和铺膜装置，将扶垄、施肥、播种、喷除草剂、铺地膜一次完成，效率高、播种精度高，适于花生产区推广。如拖拉机配套花生精播机可根据不同地区的农艺种植要求，调整深浅、行距和株距，能够一次性完成开沟、播种、施肥、起垄、喷药、覆膜，不怕泥块，不怕杂草，不怕往地里陷；播种采用内充含吐式播种器，每穴2粒，不碎花生种，穴距可调，垄距80cm，喷药采用电泵用药量不变，用水量10kg左右，不会出草；薄膜上方种行压土，具有小苗可自行钻出薄膜的特点，能够保住温度、水分，免去了苗期打孔掏苗的繁重劳动。

2. 半机械化播种机

山地地形复杂，耕地不方正、地块小限制了大型机械的作业。半机械化播种机械可以解决大型机械难以开展作业的问题。在该区域小型机械化/半机械化起垄机、小型机械化/半机械化花生播种机、小型机械化/半机械化覆膜机得到大面积推广。

3. 飞防病虫害

无人机技术的发展和应用为农业发展注入新的活力，无人机喷施农药、除草剂、生长调节剂解决了大型喷药设备无法在不平整、不规则地块作业的限制，无人机喷药技术的推广，推动了花生机械轻简化的发展。

4. 一体式联合收获机

花生一体式收获机实现了扶秧、挖掘松土、拔秧、夹持输送、抖土、摘果、偏摆筛选、风机清选、辊链清选、收集等功能于一体的作业，整个作业过程顺畅，作业效率高，漏果少。在平原和土地平整地区得到大面积应用，但在收获过程中漏果问题依旧严重。如4HLB-2A花生联合收割机采用半喂入收获方式，秧蔓完整可利用，采用对辊差相组配式滚筒摘果机械，脱荚率高、破损率低。参数如下：配套功率——45马力；工作幅宽——550cm；连接形式——自走式；工作状态外形尺寸（长×宽×高）—— 4 630mm×2 095mm×2 470mm；输送型式——链条夹持输送；摘果型式——差相对辊组配式刷脱；振动筛型式——往复式网格筛；卸果方式——液压翻转或高位自动卸果。

5. 两段式联合收获机

一体式联合花生收获机所收的荚果湿度大，晾晒困难，两段式花生联合收割机将花生的收获分为两个阶段进行。前一段机械完成松土、拔秧、抖土等工作，第二段将晾晒至适宜湿度的植株再进行脱果。适用于干旱少雨、荚果晾晒不方便地区。

6. 花生摘果机

依据荚果采摘时的干湿度可分为鲜果摘果机、干果摘果机、干湿两用摘果机。摘果机是两段式联合收获机的第二部分。花生摘果机多为螺旋进料，旋转出秧，秧不堵、不闷、不塞机、自动筛土、大小果分离。如新型干湿两用花生摘果机主要有机架、电动机（柴油机）、传动部分、摘果脱离部分、风机清选部分、振动机构组成。作业时由电动机或柴油机带动机器运转经喂入口或自动喂入台进入摘果系统，由滚筒摘选杆转动打击使花生脱离茎秆，果实及杂物通过凹版孔下落到振动筛上，茎秆由出料口排出，散落在振动筛上的杂果经振动筛传到风机吸杂口排杂，选出干净的果实从而完成全过程。

7. 花生剥壳机

剥壳机是一种能够将花生籽仁与果壳分离的机械。收获后的花生荚果晾晒至适宜湿度，利用此机械可将花生籽仁与花生壳的快速分离，但脱壳过程中易造成花生籽仁的机械损伤。如常规花生剥壳机剥壳旋滚采用铁辊旋转干剥、电动筛分级选种的原理，剥壳种子破损率极低，外壳采用铁板喷粉工艺美观大方且坚固耐用，经过精心设计的专用吹风机，风度适度，风力分布均匀，能使种子和外壳有效分离，优化种子回收率，体积小巧、高效方便，每小时剥壳可达800~1 000kg（花生荚果），脱皮率98%以上。

8. 花生榨油机

花生榨油机是利用高压把花生里的油挤出来的机械。其种类有很多种，多功能螺旋榨油机是最先进的一种，其结构分为液压和榨膛两部分。运转时，将处理好的花生籽仁从料斗进入榨膛，由榨螺旋转使料胚不断向里推进，通过高压把花生里的油挤出来，再经过真空负压过滤，油出来以后比较清洁。与传统榨油机相较，该机一道榨净，省工省时，出油率高，油质纯正。

花生优质地膜产品

花生地膜覆盖栽培可以改善土壤和近地面的水分和温度状况，起到保水、增温、提肥效、改善光照条件，减轻病虫草为害等作用。但残膜影响土壤物理性状，抑制作物生长发育。因此推广优质易降解地膜是提高花生生态效益的可行性途径之一。以下介绍几种花生优质地膜产品。

1. 可降解白色地膜

白色地膜具有良好的透射性，能够使太阳光中的红外线和紫外线都能穿过白色地膜，提升地温，满足花生种子萌发时的光、热、水分的需求。同时地膜良好的密封作用，能够减少和抑制土壤水分因高温蒸发，保护水分在土壤密封环境中自由循环，不会使水分因蒸发而流失。可降解白色地膜由降解母粒与塑料粒子母料混合生产而成，利用自然界中的微生物对地膜侵蚀或者是利用太阳光氧化的作用而达到的降解的作用，具有生态环保的特点。

2. 可降解黑色地膜

黑色地膜顾名思义，地膜颜色为黑色。黑色地膜能够阻止太阳光穿透，能隔热，能够在高温季节降低土壤温度，减少水分的蒸发，有保水固水作用，使水分在地膜覆盖的范围内循环，有抗旱保水，防止植物灼伤，控制杂草发芽和生长的作用。利用可降解材料制成的黑色底膜在保留了原先地膜特点的基础上，增加了可降解、生态环保的优点，可以有效减少残留地膜的污染，保护环境。

3. 可控光解地膜

可控光解地膜在制作过程中加入了光敏剂，在太阳光紫外线的引发下金属有机化合物能发生光化学反应，促进地膜聚合物的分解，从而可以减少残留地膜的污染，减轻对环境的破坏。

4. 液态地膜

常见的液态地膜已经发展到第五代。第一代液态地膜是以石油渣油或沥青为原料；第二代液态地膜以生物质为原料；第三代是以造纸黑液、酿酒废液或淀粉废液等高浓度无毒有机废液为原料；第四代为腐植酸可降解褐色地膜粉体化技术，使用时将地膜用热水融化搅拌，再加入冷水即变为液态地膜；第五代直接用冷水搅拌，不需热水。液态地膜能够促进花生幼苗的生长，能够保护土壤的温度，且解决了塑料地膜对环境的污染问题。但仍然存在成本高的问题。

5. 可降解营养地膜

以玉米淀粉为主要原料，添加光敏剂、增塑剂、成膜剂、交联剂和营养物质（褐煤）可以制得可降解营养地膜。可降解营养地膜保温和保湿作用显著，对花生的生长有很好的促进作用，地膜降解后，其含有的磷、钾等元素可以重新回到土壤，有助于花生生长和提高土壤的肥力。如高原可降解营养地膜属于绿色环保型材料，生态效益高。

6. 生物质液态地膜

根据原材料的类型可以分为动物源基地膜和植物源基地膜。生物质地膜除了具有普通地膜保温、保墒作用外，还具有原料来源广、价格低和具备固沙、增肥、自身易降解的优点，但是生物质地膜抗水性和延展性不足。如壳聚糖基液态地膜有杀菌作用，但会将有害细菌和有益细菌同时杀死，使用不当会导致花生生长迟缓。

7. 光—生物双降解地膜

双降解地膜集成了可控光解地膜和生物降解地膜的优点，在营养地膜或生物质液态地膜中添加光敏剂，利用微生物对地膜的侵蚀和太阳光氧化来降解地膜材料。光—生物双降解地膜是今后地膜产业的发展趋势，也是发展可持续性农业的必要前提。

花生高效拌种剂产品

针对花生的生长规律和生理特性，多种高效花生拌种剂被研发推广。拌种剂可以通过拌种实现操作简便、缓慢释放，可以同时实现杀虫、杀菌、防病、增产多种目标，受到大家广泛欢迎。目前生产上应用较多的拌种剂产品如下。

1. 杀菌剂拌种

杀菌剂可以杀灭附着在种子上面的各种病菌，防治花生苗期病害。

使用方法：用精甲·咯菌腈（总有效成分含量62.6g/L，咯菌腈含量25g/L，精甲霜灵含量37.5g/L）拌种，每100kg种子用药量为300~400mL。本产品对子囊菌、担子菌、半知菌等许多病原真菌引起的死苗、烂种等土传和种传病害具有良好的防治效果，可有效防止烂根死苗。

2. 杀虫剂拌种

用杀虫剂拌种，可以杀死或驱避地下害虫，防止鼠、鸟为害。用低残留、低毒害的农药拌种要掌握好药量，切忌用药过量造成药害。拌后随即播种，不能长期存放。如每40kg种子用苯甲·吡虫啉（总有效成分10%，苯醚甲环唑含量1%，吡虫啉含量9%）500g拌种，可有效防治蛴螬、蝼蛄、地老虎、金针虫等地下害虫，保苗效果好。

3. 抗旱剂拌种

抗旱剂主要化学成分是黄腐酸，一般药剂用量为种子量的0.5%，加水量为种子量的10%。

使用方法：先用少量温水将抗旱剂调成糊状，再加清水定量，完全溶解后倒入花生种子中拌匀，堆闷2~4h即可播种。

4. 保水剂

每亩用保水剂 150～300g 均匀撒在已经浸润的花生种子表面，拌匀后备用。或者进行种子涂层，每亩用量为 100～150g，根据用量及保水剂的吸水率，计算并量取清水，边加保水剂边不断搅拌，使水和保水剂均匀混合成糊状，然后倒入花生种子中，边倒边搅拌，拌匀后摊薄晾干备用。

5. 生物菌剂

生物菌剂拌种可以改善种子周边土壤理化性质，提高种子出苗率，促进花生成苗立苗。如用根瘤菌制品（有效活菌数 ≥ 10^8CFU/g，每 15～20kg 种子用药量为 100～200mL）拌种能够促进花生根系根瘤菌的形成，增强根系根瘤数量和重量，提高固氮能力，促进花生生长，提质增效。

6. 微肥拌种剂

钼肥拌种：每亩用钼酸铵 10g，先用少量温水化开，然后配成 1.0%的溶液，用喷雾器直接喷洒到花生种子上，边喷雾边搅拌均匀，然后堆闷 3～4h，晾干后即可播种。

硼肥拌种：配置适宜浓度的硼溶液，用喷雾器均匀地喷洒在花生种子上，晾干后播种。

铁肥拌种：每亩用硫酸亚铁 10～15g，兑水 10～15kg，配制成 0.1%的硫酸亚铁溶液，将花生种子在里面浸泡 3～5h，捞出沥干后即可播种。

7. 植物生长调节剂拌种剂

人工合成的对植物的生长发育有调节作用的化学物质称为植物生长调节剂。植物生长调节剂是外源的非营养性化学物质，施用后可在花生体内传导至作用部位，以很低的浓度就能促进或抑制其生命过程的某些环节，使之向符合人类的需要发展。如使用天然芸薹素内酯复配种衣剂，复配方法为将 0.1%芸薹素内酯母药按 10‰～20‰用量添加于菌剂中，即每吨杀菌剂添加 5～15kg。花生拌种后能促进细胞分裂，诱导生根、发芽和抵制病原菌的侵扰，使幼苗健壮。

参考文献

白冬梅，薛云云，赵姣姣，等，2018. 山西花生地方品种芽期耐寒性鉴定及 SSR 遗传多样性 [J]. 作物学报，44（10）：1 459-1 467.

陈明娜，迟晓元，潘丽娟，等，2014. 中国花生育种的发展历程与展望 [J]. 中国农学通报，30（9）：1-6.

陈宁，陈文娜，崔言峰，等，2017. 煎炸调和油的研究与开发 [J]. 食品工业，38（5）：65-68.

陈四龙，2012. 花生油脂合成相关基因的鉴定与功能研究 [D]. 北京：中国农业科学院.

迟晓元，陈明娜，潘丽娟，等，2014. 花生高油酸育种研究进展 [J]. 花生学报，43（1）：32-38.

迟晓元，李昊远，陈明娜，等，2018. 76 个花生品种（系）果柄强度的研究 [J]. 花生学报，47（3）：14-18.

慈敦伟，戴良香，宋文武，等，2013. 花生萌发至苗期耐盐胁迫的基因型差异 [J]. 植物生态学报，38（11）：1 018-1 027.

慈敦伟，丁红，张智猛，等，2013. 花生耐盐性评价方法的比较与应用 [J]. 花生学报，42（2）：28-35.

慈敦伟，杨吉顺，丁红，等，2017. 盐碱地花生‖棉花间作系统群体配置对产量和效益的影响 [J]. 花生学报，46（4）：22-25.

戴良香，康涛，张冠初，等，2017. 地膜覆盖方式对花生田土壤含水量、温度及产量的影响 [J]. 中国农学通报，33（8）：72-77.

单世华，李春娟，严海燕，等，2007. 花生种皮抗黄曲霉差异基因表达分析 [J]. 植物遗传资源学报（1）：26-29.

单世华，闫彩霞，2018. 中国花生地方品种骨干种质 [M]. 北京：中国农业出版社.

丁红，张智猛，戴良香，2016-01-13. 一种花生膜下滴灌高产节水栽培方法：ZL105230306A ［P］.

丁红，张智猛，戴良香，等，2015. 水分胁迫和氮肥对花生根系形态发育及叶片生理活性的影响 ［J］. 应用生态学报，26（2）：450-456.

丁红，张智猛，康涛，等，2014. 花后膜下滴灌对花生生长及产量的影响 ［J］. 花生学报，43（3）：37-41.

冯昊，孙强，赵品绩，等，2018. 石灰氮与氮肥不同配比对连作花生病害及产量的影响 ［J］. 山东农业科学，50（6）：140-144.

冯昊，王春晓，于天一，等，2018. 不同花生品种（系）磷素吸收及利用特性 ［J］. 南方农业学报，49（3）：454-461.

郭志青，吴菊香，张霞，等，2019. 山东省花生产区土壤和荚果中黄曲霉菌及其毒素污染状况调查 ［J］. 中国油料作物学报，41（5）：765-772.

何中国，朱统国，李玉发，等，2018. 吉林省花生育种现状及发展方向 ［J］. 作物杂志（4）：8-12.

侯本军，符书贤，白翠云，等，2016. 海南鲜食花生种质资源农艺性状评价 ［J］. 广东农业科学，43（8）：33-38.

胡向涛，2019. 花生机械化收获特点及收获机械市场现状和发展趋势 ［J］. 农业机械（10）：97-101.

黄冰艳，张新友，董文召，等，2012. 河南省花生地方资源蛋白质和脂肪含量分析及育种利用策略 ［J］. 植物遗传资源学报，13（3）：414-417.

黄莉，赵新燕，张文华，等，2011. 利用 RIL 群体和自然群体检测与花生含油量相关的 SSR 标记 ［J］. 作物学报，37（11）：1 967-1 974.

江晨，张智猛，孟爱芝，等，2020. 不同施氮量对花生干物质积累及氮肥利用率的影响 ［J］. 山东农业科学，52（7）：

67-70.

姜慧芳，段乃雄，1994. 花生品种蛋白质含量、含油量及脂肪酸组成的分析 [J]. 作物品种资源（4）：29-31.

李春娟，单世华，杨志艺，等，2011. 镉处理下不同富集镉花生营养器官 *AhMT*Ⅱ mRNA 表达变化 [J]. 中国农业科技导报，13（1）：20-24.

李丽，崔顺立，穆国俊，等，2019. 高油酸花生遗传改良研究进展 [J]. 中国油料作物学报，41（6）：986-997.

李娜，姜伟，周进，等，2019. 山东省花生生产全程机械化现状与对策建议 [J]. 中国农机化学报，40（10）：42-50.

李尚霞，杨吉顺，崔凤高，等，2014. 植物调理剂和复合氨基酸应用于花生防病增产效果研究 [J]. 现代农业科技，13：165-172.

李拴柱，宋江春，王建玉，等，2017. 高油酸花生遗传育种研究进展 [J]. 作物杂志（3）：6-12.

李爽，岳福良，张小军，等，2017. 鲜食型花生新品种蜀花2号的选育及栽培技术要点 [J]. 中国种业（12）：51-52.

李晓，鞠倩，赵志强，等，2013. 四种杀虫剂对花生蚜虫的防治效果及安全性评价 [J]. 山东农业科学，45（4）：93-95，136.

李欣，于景华，2013. 花生高产栽培实用技术 [M]. 北京：科学技术文献出版社.

李新国，郭峰，万书波，2013. 高产花生理想株型的研究 [J]. 花生学报，42（3）：23-26.

厉广辉，王兴军，石素华，等，2018. 我国鲜食花生研究现状及展望 [J]. 中国油料作物学报，40（4）：604-607.

林坤耀，2004. 我国花生蛋白质的研究概况 [J]. 广东农业科学（S1）：15-16.

刘纪成，刘佳，张敏，等，2018. 同真菌发酵对花生秸秆营养含量及酶活性的影响 [J]. 中国饲料，15：73-77.

刘纪成，张敏，刘佳，等，2017. 花生秸秆在畜禽生产中的利用现状及其生物发酵技术 [J]. 中国饲料 (20)：36-38.

刘建，2018. 花生生产全程机械化技术路线探析 [J]. 江苏农机化 (5)：11-12.

刘丽新，2019. 花生栽培技术现状与展望 [J]. 农民致富之友 (1)：7.

刘路，沈浦，张继光，等，2019. 农田土壤潜在有效磷的转化与利用研究进展 [J]. 贵州农业科学，47 (4)：51-55.

刘少芳，2015. 金龟子绿僵菌内生性及对花生生长促进作用 [D]. 北京：中国农业科学院.

刘璇，许婷婷，沈浦，等，2019. 不同品种花生产量与品质对耕作方式的响应特征 [J]. 山东农业科学，51 (9)：144-150.

刘宇，李春娟，张廷婷，等，2012. 两花生品种对镉胁迫的生理响应及其差异 [J]. 土壤通报，43 (1)：206-211.

刘振华，刘丽娜，徐同成，2016. 花生加工技术研究 [M]. 北京：中国农业科学技术出版社.

卢亚菲，阚海礼，李丽莉，等，2020. 生物食诱剂对山东省莒南县花生田夜蛾科成虫监测与诱杀效果的初步评价 [J]. 植物保护，46 (2)：248-253.

罗盛，杨友才，沈浦，等，2015. 花生氮素吸收、根系形态及叶片生长对叶面喷施尿素的响应特征 [J]. 山东农业科学，47 (10)：45-48，59.

罗益镇，朱宗堂，刘崇林，等，1983. 花生区大黑金龟的发生规律与综合防治方法的研究 [J]. 山东农业科学 (3)：24-28.

马金娜，2017. 高产高油花生新品种濮科花 9 号的选育及配套栽培技术 [J]. 种业导刊 (3)：17-18.

宁贻伟, 2014-12-24. 一种安全无残留的新型生物杀虫剂:
ZL CN104222175A [P].

潘丙南, 2009. 花生贮藏加工过程的质量安全控制研究
[D]. 合肥: 合肥工业大学.

潘丽娟, 闵平, 杨庆利, 等, 2011. 2009 年全国北方区花生
新品种区域试验 [J]. 花生学报, 40 (1): 30-35.

秦利, 韩锁义, 刘华, 2015. 我国食用花生研究现状
[J]. 江苏农业科学, 43 (11): 4-7.

曲春娟, 谢明惠, 薛明, 等, 2019. 黄淮海花生田主要害虫减
药控害增效技术与效果评价 [J]. 花生学报, 48 (4):
67-71.

曲明静, 郭巍, 2013. 花生蛴螬生物防治 [M]. 北京: 中国
农业出版社.

饶庆琳, 王军, 吕建伟, 等, 2019. 我国鲜食花生研究进展
[J]. 农技服务, 36 (4): 33-34.

任丽, 谷建中, 范君龙, 等, 2010. 不同种植模式和贮存时间
对花生 O/L 值的影响 [J]. 作物杂志 (6): 67-68.

任小平, 郑艳丽, 黄莉, 等, 2016. 花生 SSR 核心引物筛选
及育成品种 DNA 指纹图谱构建 [J]. 中国油料作物学报,
38 (5): 563-571.

沈浦, 冯昊, 罗盛, 等, 2015. 油料作物对土壤紧实胁迫响应
研究进展 [J]. 山东农业科学, 47 (12): 111-114.

沈浦, 冯昊, 罗盛, 等, 2016. 缺氮胁迫下含 Na^+ 叶面肥对花
生生长的抑制及补氮后的恢复效应 [J]. 植物营养与肥料
学报, 22 (6): 1 620-1 627.

沈浦, 罗盛, 吴正锋, 等, 2015. 花生磷吸收分配及根系形态
对不同酸碱度叶面磷肥的响应特征 [J]. 核农学报, 29
(12): 2 418-2 424.

沈浦, 孙秀山, 王才斌, 等, 2015. 花生磷利用特性及磷高效

管理措施研究进展与展望 [J]. 核农学报, 29（11）: 2 246-2 251.

沈浦, 孙秀山, 于天一, 等, 2016-01-06. 一种分层供液的土柱装置: ZL 201520554511. 8 [P].

沈浦, 王才斌, 王月福, 等, 2020. 花生抗土壤紧实胁迫理论与实践 [M]. 北京: 中国农业科学技术出版社.

沈浦, 王才斌, 吴正锋, 等, 2018-01-26. 一种人工降液设施: ZL 201720492806. 6 [P].

沈浦, 王才斌, 于天一, 等, 2017. 免耕和翻耕下典型棕壤花生铁营养特性差异 [J]. 核农学报, 31（9）: 1 818-1 826.

沈浦, 王春晓, 孙学武, 等, 2016-05-04. 一种带面板网眼型喷头的喷液杆装置: ZL 201520806885. 4 [P].

沈浦, 吴正锋, 王才斌, 等, 2017. 花生钙营养效应及其与磷协同吸收特征 [J]. 中国油料作物学报, 39（1）: 85-90.

石程仁, 王春晓, 郑祖林, 等, 2019. 麦茬夏直播花生高产栽培技术要点 [J]. 中国农技推广, 35（12）: 61-62.

石峰, 2014. 秸秆还田对风沙半干旱区土壤养分及花生产量的影响 [J]. 农业科技通讯 (2): 88-90.

石延茂, 袁美, 任艳, 等, 2019. 高油花生新品种花育6801的选育 [J]. 山东农业科学, 51（9）: 118-120.

石运庆, 苗华荣, 胡晓辉, 等, 2015. 花生耐盐碱性鉴定指标的研究及应用 [J]. 核农学报, 29（3）: 442-447.

司贤宗, 毛家伟, 张翔, 等, 2015. 耕作方式与土壤调理剂互作对土壤理化性质及花生产量的影响 [J]. 河南农业科学, 44（11）: 41-44.

司贤宗, 张翔, 毛家伟, 等, 2013-02-05. 一种免耕种肥精准施用工具: ZL 201520084888. 1 [P].

司贤宗, 张翔, 毛家伟, 等, 2016. 起垄覆盖秸秆对土壤理化性质及花生产量和质量的影响 [J]. 花生学报, 45（2）:

38-43.

司贤宗，张翔，索炎炎，等，2018. 施用锌肥和遮阴互作对花生生长发育、抗病性及产量的影响 [J]. 中国油料作物学报，40（3）：399-404.

宋江春，李拴柱，王建玉，等，2018. 我国高油花生育种研究进展 [J]. 作物杂志（3）：25-31.

宋伟，2004-02-11，生物杀虫剂：ZL CN1473474 [P].

苏江顺，王传堂，程学良，等，2017. 耐盐碱高油酸花生田间鉴定筛选研究 [J]. 山东农业科学，49（6）：17-20.

隋鹏飞，王麒然，王琰，等，2018. 花生 *HyPGIP* 基因克隆及抗叶腐病表达分析 [J]. 植物病理学报，48（3）：346-356.

孙大容，1998. 花生育种学 [M]. 北京：中国农业出版社.

孙国清，2020. 花生秸秆在畜禽生产中的利用现状及其生物发酵技术 [J]. 当代畜禽养殖业（3）：51-52.

孙杰，张初署，毕洁，等，2014. 枯草芽孢杆菌发酵制备花生粕饲料条件优化 [J]. 核农学报，28（1）：101-107.

孙全喜，单世华，苑翠玲，等，2019-12-13. 一种检测高油酸花生的方法及其应用：CN20191128356 [P].

孙秀山，王才斌，吴正锋，2015. 山东省麦后夏直播花生生产发展潜力与对策 [J]. 山东农业科学，47（6）：134-136，152.

孙秀山，许婷婷，冯昊，等，2018. 不同种类肥料单配施对连作花生生长发育的影响 [J]. 山东农业科学，50（6）：135-139.

孙学武，冯昊，王才斌，2018. 山东丘陵旱地花生—绿肥一年两作种植模式 [J]. 中国农技推广，34（8）：45-46.

孙学武，沈浦，刘璇，等，2020. 花生锌吸收分配特性及对土壤耕作措施的响应特征 [J]. 花生学报，49（2）：36-42.

孙学武，吴正锋，李林，等，2016. 弱光下烯效唑对花生幼苗

生理特性的影响 [J]. 核农学报，30 (6)：1 204-1 210.

孙学武，吴正锋，郑永美，等，2019-07-23. 一种花生苗期控补一体的复合制剂及其使用方法：ZL201610213266. 3 [P].

孙学武，于天一，华伟，等，2016-10-19. 一种深施肥式花生铺膜播种机及其方法：ZL201310741626. 3 [P].

孙学武，于天一，沈浦，等，2018. 土壤调理剂对花生产量品质和土壤理化性状的影响 [J]. 花生学报，47 (1)：43-46，51.

索炎炎，张翔，司贤宗，等，2018. 磷肥与有机肥配施对土壤—花生系统磷素及花生产量的影响 [J]. 中国油料作物学报，40 (1)：119-126.

索炎炎，张翔，司贤宗，等，2020. 磷锌配施对花生不同生育期磷锌吸收与分配的影响 [J]. 土壤，52 (1)：61-67.

唐兆秀，董晓宁，施恭月，等，2012. 福建省花生秸秆存量、品质与固碳评价 [J]. 中国农学通报 (11)：278-283.

唐兆秀，徐日荣，陈湘瑜，等，2018. 高蛋白花生新品种福花9号的选育及丰产栽培技术 [J]. 福建农业学报，33 (1)：17-20.

田家明，张智猛，戴良香，等，2019. 外源钙对盐碱土壤花生荚果生长及籽仁品质的影响 [J]. 中国油料作物学报，41 (2)：205-210.

万书波，2003. 中国花生栽培学 [M]. 上海：上海科学技术出版社.

万书波，2007. 花生品质学 [M]. 北京：中国农业科学技术出版社.

万书波，郭洪海，等，2012. 中国花生品质区划 [M]. 北京：科学出版社.

王才斌，2018. 实施理性栽培，推进山东花生生产可持续发展 [J]. 花生学报，47 (1)：74-76.

王传堂，张建成，2013. 花生遗传改良［M］. 上海：上海科学技术出版社.

王积军，禹山林，刘芳，2019. 高油酸花生产业纵论［M］. 北京：中国农业科学技术出版社.

王凯，吴正锋，郑亚萍，等，2018. 我国花生优质高效栽培技术研究进展与展望［J］. 山东农业科学，50（12）：138-143.

王麒然，吴菊香，张茹琴，等，2016. 花生叶腐病菌分泌的细胞壁降解酶活性测定及致病性分析［J］. 植物生理学报，52（3）：269-276.

王强，2012. 花生生物活性物质概论［M］. 北京：中国农业大学出版社.

王薇，袁亮，2011. 设施栽培土壤微生物量氮的变化规律及其与土壤肥力的关系［J］. 山东农业科学（4）：53-55，70.

王雪珂，渠琛玲，王紫薇，等，2019. 高水分花生短期储存发热霉变研究［J］. 粮食储藏，48（4）：25-28.

王颖娟，李子忠，2007. 捕食性天敌昆虫在害虫综合治理中的应用：植物保护与现代农业——中国植物保护学会 2007 年学术年会论文集［C］. 北京：中国植物保护学会，576-581.

魏松丽，孙晓静，张丽霞，等，2020. 不同预处理方式对花生油脂体增香效果的影响及其品质分析［J］. 食品科技，45（6）：231-238.

吴琪，曹广英，王云云，等，2016. 26 个花生品种果柄强度研究［J］. 山东农业科学，48（4）：47-49.

吴正锋，陈殿绪，郑永美，等，2016. 花生不同氮源供氮特性及氮肥利用率研究［J］. 中国油料作物学报，38（2）：207-213.

徐秀娟，鄢洪海，迟玉成，等，2009. 中国花生病虫草鼠害

[M]．北京：中国农业出版社．

徐扬，成波，丁红，等，2018．类激素小肽在花生胁迫应答中的应用与展望 [J]．花生学报，47（4），66-67．

许曼琳，张竹青，吴菊香，等，2015．花生条纹病毒病和黄瓜花叶病毒病种子带毒和田间发病情况研究．[J]．花生学报，44（4）：27-30．

鄢洪海，张茹琴，迟玉成，等，2015．花生叶腐病近年在山东省部分地区成灾原因分析及控制措施建议 [J]．中国植保导刊，35（5）：23-26．

鄢洪海，张茹琴，迟玉成，等，2015．丝核菌（*Rhizoctonia* spp.）对花生的为害及病原学研究 [J]．中国油料作物学报，37（6）：862-867．

杨东照，2016．花生机械化收获现状与研究 [J]．农业与技术，36（24）：73．

杨吉顺，李尚霞，陈殿绪，等，2019．有机生态活性肥在花生上的施用效果研究 [J]．现代农业科技（9）：1，4．

杨吉顺，齐林，李尚霞，等，2020．单粒精播对花生产量、光合特性及干物质积累的影响 [J]．江苏农业科学，48（6）：64-67．

杨敏，杜宣利，杨帆，等，2019．浓香花生油品质控制关键技术的研究 [J]．粮食与食品工业，26（6）：20-23．

杨普云，李萍，任彬元，等，2019．我国农作物病虫害化学防控技术的环境成本分析 [J]．中国植保导刊，39（6）：27-30，43．

杨清岭，张少泽，甄志高，等，2007．分子标记在花生育种中的应用 [J]．中国农学通报，23（5）：79-82．

杨伟强，崔凤高，张建成，等，2019．我国鲜食花生遗传育种研究进展 [J]．山东农业科学，51（9）：184-188．

杨潇，相海，胡淑珍，等，2017．湿花生热风干燥工艺研究

［J］. 食品科技，42（6）：111-115.

于静，吴菊香，许曼琳，等，2020. 防治花生腐霉果腐病的化学药剂筛选［J］. 中国油料作物学报，42（1）：121-126.

于丽娜，杜德红，张初署，等，2018. 响应面法优化微波辅助酶解制备 α-葡萄糖苷酶抑制活性肽工艺. 食品工业科技，39（4）：117-122，136.

于丽娜，齐宏涛，张初署，等，2018. 响应面法优化超声波辅助酶解制备花生蛋白抗菌肽［J］. 核农学报，32（4）：740-750.

于天一，王春晓，路亚，等，2018. 不同改良剂对酸化土壤花生钙素吸收利用及生长发育的影响［J］. 核农学报，32（8）：1 619-1 626.

于天一，王春晓，张思斌，等，2018. 土壤酸胁迫下不同花生品种（系）钙吸收、分配及钙效率差异［J］. 核农学报，32（4）：751-759.

禹山林，2008. 中国花生品种及其系谱［M］. 上海：上海科学技术出版社.

禹山林，朱雨杰，闵平，等，2003. 傅立叶近红外漫反射非破坏性测定花生种子蛋白质及含油量［J］. 花生学报，32（S1）：138-143.

袁光，张冠初，丁红，等，2019. 减施氮肥对旱地花生农艺性状及产量的影响［J］. 花生学报，48（3）：30-35.

苑翠玲，闫彩霞，赵小波，等，2020. 花生突变体研究进展［J］. 核农学报，34（4）：752-758.

张初署，于丽娜，毕洁，等，2017. 紫苏醛—海藻酸钠复合涂膜抗花生黄曲霉菌研究［J］. 食品工业科技，38（14）：263-266.

张冠初，张智猛，慈敦伟，等，2018. 干旱和盐胁迫对花生渗透调节和抗氧化酶活性的影响［J］. 华北农学报，33（3）：

176-181.

张光玲, 曲明静, 鞠倩, 等, 2015. 三种药剂采用不同施药方法防治花生蛴螬的残留研究 [J]. 安徽农业科学, 43 (30): 20-21, 101.

张继光, 郑林林, 石屹, 等, 2012. 不同种植模式对土壤微生物区系及烟叶产量与质量的影响 [J]. 农业工程学报, 28 (19): 93-102.

张佳蕾, 郭峰, 李新国, 等, 2018. 不同时期喷施多效唑对花生生理特性、产量和品质的影响 [J]. 应用生态学报, 29 (3): 874-882.

张佳蕾, 郭峰, 李新国, 等, 2018. 花生单粒精播增产机理研究进展 [J]. 山东农业科学, 50 (6): 177-182.

张金凤, 成波, 曹延丽, 等, 2019. 花生白绢病生防菌筛选及防控作用研究 [J]. 花生学报, 48 (3): 65-70.

张廷婷, 单世华, 赵小波, 等, 2018-06-22. 一种花生种子的黄曲霉田间侵染的方法: ZL201510758036. 0 [P].

张雯丽, 2018. "十三五" 以来中国油料及食用植物油供需形势分析与展望 [J]. 农业展望, 14 (11): 4-8, 19.

张雯丽, 许国栋, 2018. 2017 年油料和食用植物油市场形势分析及 2018 年展望 [J]. 农业展望, 14 (2): 8-12, 25.

张献利, 2018. 高油花生新品种试验示范 [J]. 农业与技术, 38 (14): 69.

张翔, 司贤宗, 毛家伟, 等, 2015. 花生高产高效施肥新技术 [M]. 北京: 中国农业科学技术出版社.

张秀玲, 2016. 深耕深松对重茬花生生长发育及产量的影响 [J]. 现代农业科技 (6): 19, 21.

张振, 高鸣, 苗海民, 2020. 农户测土配方施肥技术采纳差异性及其机理 [J]. 西北农林科技大学学报: 社会科学版, 20 (2): 120-128.

张正，王旭清，孟维伟，等，2015. 山东省耕作制度发展现状、存在问题与发展方向［J］. 中国农业信息（6）：31-33.

张智猛，吴正峰，丁红，等，2013. 灌水时期对花生生育后期土壤剖面水分变化和产量的影响［J］. 花生学报，42（2）：14-20.

赵秉强，等，2013. 新型肥料［M］. 北京：科学出版社.

郑庆伟，2019. 新型生物杀虫剂 Bt G033A 在花生防治方面获高度肯定［J］. 农药市场信息（18）：13.

郑亚萍，王世福，刘佳，等，2019. 不同花生品种（系）钾素吸收及利用特性［J］. 花生学报，48（4）：14-19.

郑永美，杜连涛，王春晓，等，2019. 不同花生品种根瘤固氮特点及其与产量的关系［J］. 应用生态学报，30（3）：961-968.

郑永美，冯昊，吴正锋，等，2016. 氮肥调控对土壤供氮特征及花生氮素吸收利用的影响［J］. 中国油料作物学报，38（4）：481-486.

中华人民共和国国家质量监督检验检疫总局，中国国家标准化管理委员会，2016. 肥料和土壤调理剂　分类：GB/T 32741—2016［S］. 北京：中国标准出版社.

周巾英，罗晶，何家林，等，2019. 我国花生机械化干燥生产现状与发展［J］. 江西农业学报，31（2）：66-69.

祝水兰，周巾英，刘光宪，等，2015. 不同包装方法对高水分花生果贮藏品质的影响［J］. 河南农业科学，44（2）：146-150.

CHI Y C, XU M L, YANG J G, 2016. First report of *Rhizoctonia solani* causing peanut pod rot in China. Plant Disease, 100 (5)：1 008.

GUO Z Q, ZHANG X, WU J X, et al., 2020. *In vitro* inhibitory effect of the bacterium *Serratia marcescens* on *Fusarium prolif-eratum* growth and fumonisins production. Biological Control, 143: 104 188.

SHEN P, WANG C X, WU Z F, et al. , 2019. Peanut macro-nutrient absorptions characteristics in response to soil compac-tion stress in typical brown soils under various tillage systems [J]. Soil Science and Plant Nutrition, 65 (5): 1-11.

SHEN P, WANG C X, ZHAO H J, et al. , 2019. Method for controlling heavy metal contamination of peanut. Innovation Patent: Australia, 2019100801 [P].

SHEN P, WU Z F, WANG C X, et al. , 2016. Contributions of rational soil tillage to compaction stress in main peanut producing areas of China [J]. Scientific Reports, 6: 38 629.

SLEIGHT P, 1992. Cholesterol and coronary heart disease mortal-ity [J]. Australian and New Zealand Journal of Medicine, 22 (5 Suppl): 576-579.

SMITH G D, SONG F, SHELDON T A, 1993. Cholesterol lowering and mortality: the importance of considering initial level of risk [J]. British Medical Journal, 306 (6889): 1 367-1 367.

WANG C B, ZHENG Y M, SHEN P, et al. , 2016. Determi-ning N supplied sources and N use efficiency for peanut under applications of four forms of N fertilizers labeled by isotope ^{15}N [J]. Journal of Integrative Agriculture, 15 (2): 432-439.

XU M L, YANG J G, WANG F L, et al. , 2015. First report of *Rhizopus arrhizus* (syn. R. oryzae) causing root rod of peanut in China. Plant Disease, 99 (10): 1 448.

XU M L, ZHANG X, YU J, et al. , 2020. Biological control of peanut southern blight (*Sclerotium rolfsii*) by the strain *Bacillus pumilus* LX11. Biocontrol Science and Technology, 30 (5):

485-489.

XU Y, YU Z, ZHANG D, et al. , 2018. CYSTM, a novel non-secreted cysteine-rich peptide family, involved in environmental stresses in *Arabidopsis thaliana*. Plant and Cell Physiology, 59 (2): 423-438.

YU J, WU J X, ZHANG X, et al. , 2020. First report of peanut black rot in Shandong province, China. Plant Disease, 104 (3): 990.

YU J, XU M L, LIANG C, et al. , 2019. First report of *Pythium myriotylum* associated with peanut pod rot in China [J]. Plant Disease, 103 (7): 1 794.

YU Z, XU Y, ZHU L, et al. , 2020. The Brassicaceae-specific secreted peptides, STMPs, function in plant growth and pathogen defense. Journal of Integrative Plant Biology, 62 (4): 403-420.

ZHANG X, XU M L, WU J X, et al. , 2019. Draft genome sequence of *Phoma arachidicola* Wb2 causing peanut web blotch in china. Current Microbiology, 76 (2): 200-206.

附 图

花生的生长发育过程

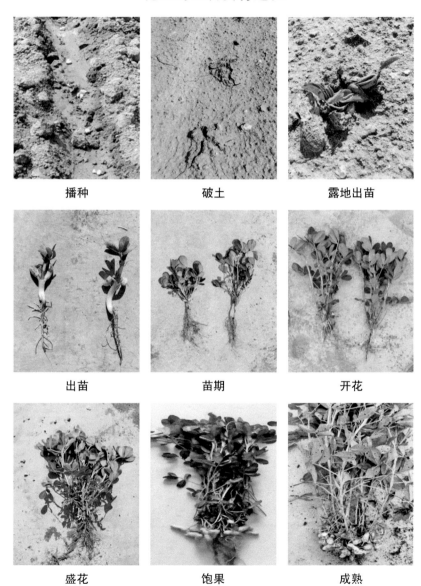

播种　　　　　　　　　破土　　　　　　　　露地出苗

出苗　　　　　　　　　苗期　　　　　　　　　开花

盛花　　　　　　　　　饱果　　　　　　　　　成熟

花生生长环境及生产试验条件

田间栽培

保护地温室大棚栽培

智能气候室栽培

池栽种植

花生种质资源保存库

人工培养箱试验

抗低温花生品种

抗低温品种筛选

花育 910 和花育 33 号　抗低温花生品种

耐盐碱花生品种

盐碱抗逆品种的盆栽和田间筛选

花育 9125　耐盐碱品种

高蛋白和鲜食花生品种

福花 9 号　高蛋白花生品种

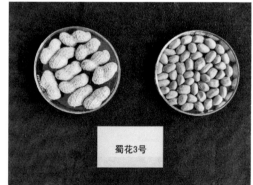

蜀花 3 号　优质鲜食花生品种

花生覆膜高产高效技术

覆膜　露地播种

覆膜 + 秸秆

黑色地膜

白色地膜

花生单粒精播高产高效栽培

单粒精播花生的长势

高垄单粒精播机械

单粒精播的种植效果

非生物胁迫对花生生长发育的影响

渍水涝害中期

渍水涝害后期

缺钙荚果发育不良

缺钙引起空壳

紧实胁迫

非紧实胁迫

土壤紧实胁迫对花生荚果的影响

冬季绿肥种植及翻压还田

冬油菜

紫云英

黑麦草

绿肥翻压还田

还田后种植花生

还田后花生长势

花生播种覆膜栽培机械

花生起垄播种覆膜一体机械

深施肥浅播种一体化机械

花生水肥一体化设施

水肥调配设施与控制管道

膜下铺设滴灌管

花生田水肥一体化主管与滴灌管

花生主要病害为害根果的症状

果壳上的黄曲霉菌

籽仁上的黄曲霉菌

北方根结线虫病为害症状

花生果腐病为害症状

花生主要病害为害茎叶的症状

叶斑病为害症状

条纹病毒病为害症状

根腐病为害症状

青枯病为害症状

花生虫害绿色防治措施

花生害虫诱捕和监测设备

色板诱杀花生田间昆虫

害虫诱捕效果

花生油原生初榨与红衣提取工艺

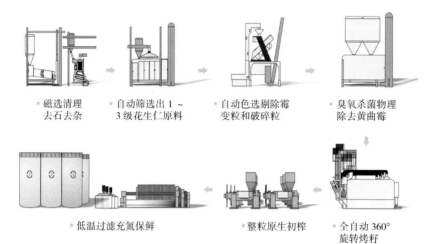

★ 磁选清理
去石去杂　　★ 自动筛选出 1～
3 级花生仁原料　　★ 自动色选剔除霉
变粒和破碎粒　　★ 臭氧杀菌物理
除去黄曲霉

★ 低温过滤充氮保鲜　　★ 整粒原生初榨　　★ 全自动 360°
旋转烤籽

花生油原生初榨流水线（七星初榨工艺）

花生红衣提取生产线

红衣粉末

优质花生油生产优化工艺

分级去石机

色选机

臭氧杀菌

360° 烤籽

整粒压榨

过滤

花生油充氮保鲜存储